千年屹立的奥秘

手绘建筑结构之旅

〔比〕米歇尔·普罗沃斯特（Michel Provost）/ 著

〔比〕菲利普·德肯米特（Philippe de Kemmeter）/ 绘

张鸿曜　李冰月 / 译

世界知识出版社

图书在版编目（CIP）数据

千年屹立的奥秘：手绘建筑结构之旅 / （比）米歇尔·普罗沃斯特著；（比）菲利普·德肯米特绘；张鸿曜，李冰月译 . — 北京：世界知识出版社，2020.11

ISBN 978-7-5012-6295-3

Ⅰ．①千… Ⅱ．①米… ②菲… ③张… ④李… Ⅲ．①建筑结构 – 青少年读物 Ⅳ．① TU3-49

中国版本图书馆 CIP 数据核字 (2020) 第 161925 号

Comment tout ça tient ? by Michel Provost & Philippe de Kemmeter
Copyright © 2011 Alice Éditions
Current Chinese translation rights arranged through Divas International, Paris
巴黎迪法国际版权代理 (www.divas-books.com)
著作权合同登记号 图字：01-2020-1245 号

书 名	**千年屹立的奥秘：手绘建筑结构之旅**
	Qiannian Yili de Aomi: Shouhui Jianzhu Jiegou zhi Lü
策 划	席亚兵 张兆晋
责任编辑	苏灵芝
责任校对	张 琨
责任印制	王勇刚
封面设计	董月夕
出版发行	世界知识出版社
网 址	http://www.ishizhi.cn
地址邮编	北京市东城区干面胡同 51 号（100010）
电 话	010-65265923（发行） 010-85119023（邮购）
经 销	新华书店
印 刷	河北赛文印刷有限公司
开本印张	787×1092 毫米 1/20 4.8 印张
字 数	150 千字
版 次	2020 年 11 月第 1 版 2020 年 11 月第 1 次印刷
标准书号	ISBN 978-7-5012-6295-3
定 价	46.00 元

目　录

邀请函

房屋、高塔、桥梁、教堂……各种大小不同、形态各异的建筑是我们日常生活中的一部分。它们出现在任何风景中——乡村、城市……新闻、电影乃至文学中无处不在。对于它们的存在，我们已经熟视无睹，更不会透过建筑的外形或轮廓去了解它们是如何修建的，以及这些建筑物屹立不倒的背后的原因。

由于我们每天都和大小不一的各种物件，如桌子、椅子、秋千、吊床等打交道；我们身边的树、办公楼、天桥、大桥、铁塔等都能屹立不倒，所以我们自然而然地拥有一种"结构的直觉"，

在无意间对什么"立得住"和什么"立不住"有了相当清楚的认识。

想象你在森林里散步，看见一棵树根很细、越往上长越粗的树，你肯定马上会说，这不对劲，不正常，树长反了！我们对结构都有不错的直觉，但这种直觉是基于我们已经见到过的事物，而不是基于对结构原理，更不是对本书内容的认识。

为了让你更了解本书，我们邀请你在接下来的章节里来一次"建筑结构"之旅。

在这里我们将会一起超越对结构的直觉。通过这次旅行，你将会对结构有全新的认识，理解结构的原理，

知道如何欣赏它，而不仅仅是赞叹它美丽的外观。

旅程开始时，我们会先介绍作用力、反作用力、力偶、力矩及力的平衡规律，然后开始接触一些运用这些规律建立起来的物件。我们会发现一张凳子、一张桌子其实也可以视为一座桥的桥面或是一栋大楼的屋顶，甚至一个纸飞机都能为我们探索结构世界提供帮助。我们会追踪力的传递路径。在悬吊和柱系统中，力或是向上或是向下，但最终都通过基础"传递"到地面。我们会

看到梯凳其实和拱、桁架有着相同的起源，它们的结构原理有很多相似之处。仔细观察吊床，你或许会联想到巨大的悬索桥，就像那座梦幻般的金门大桥。

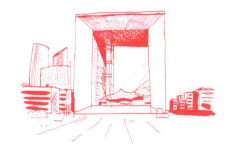

在历史演进中，结构会发生变化，但它们所遵循的法则却是不变的。构成建筑物的要素如同语言中的单词，把它们聚集并组合在一起的方法就是语法。这样的语言让我们能造出从最普通的到最复杂的各种物件。简单的物体就如同日常使用的口语对话——像凳子、桥梁……复杂的则如一部文学作品——像双曲抛物面屋顶、悬索桥……

让我们一起尽情地享受这趟环球之旅，一个你目前只知道从表面欣赏、而不知其中奥妙的世界。

第 01 章 初识结构

本章主要介绍作用力与反作用力、力偶与力矩的概念。
我们以小凳子为例初步认识结构是什么。

所有的建筑都有一个框架，工程师称之为结构。框架不仅存在于桥梁和建筑中，几乎所有"物件"都有框架。其中我们最熟悉的就是我们的身体，其结构就是我们的骨骼。

那为什么我们的身体及各种物件必须要有结构呢？

我们生活在地球上，所有物体都受到来自地心的引力，也就是重力的作用。

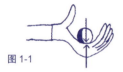

图 1-1

我们的骨骼支撑身体的各个部位并把我们塑造成人的形状。没有骨骼，身体就不过是一摊软而无形的组织、肌肉和器官。

任何物体，如果没有支撑，就会在重力的作用下尽可能停留在靠近地心的地方。

一个放在手上的小球受两个力的影响：地心对小球施加的作用力（从上到下），以及手对小球的约束反作用力（从下到上，可简称为反作用力）【图 1-1】。这两个力相互抵消，小球因此保持稳定。如果把手抽离，其中一个力消失，平衡被打破，那么小球就会掉落、滚动，直至找到新的平衡点，也就是地势最低的地方【图 1-2】。

总之，不论是在手上还是在地上，达到平衡的小球都受到两个大小相等、方向相反且作用在同一条直线上的力的作用。

大小相等、方向相反都好理解，但"作用在同一条直线上"该怎么理解呢？

放在桌子上的石板受到的作用力等于反作用力，没问题吧【图 1-3】！

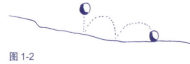

图 1-2

当一个物体受到周围物体的限制（或阻挡）时，它就成为一个不能自由运动的物体，而这些事先对物体所加的限制就称为约束。

但把石板移到桌子边缘，它会失去平衡掉下去。此时石板所受重力和反作用力就不在一条直线上了！这就引出了力矩和力偶的概念【图 1-4】。

力矩和力偶矩？

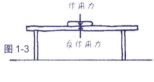

图 1-3

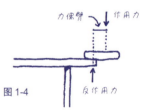

图 1-4

所谓力矩就是力使物体发生转动的趋势，其大小等于力和力臂的乘积，按照转动方向不同，力矩可以有正负。而力臂就是支点（转动轴）和力

的作用线之间的距离。力偶矩实际上是特殊的力矩。当两个大小相等、方向相反的力不作用在同一条直线上时，就形成了力偶。力偶的大小用力偶矩来衡量，等于力的大小乘以两力之间的距离（力偶臂）。为了避免跌落，必须使石板所受作用力和反作用力保持平衡，但这里讨论的不是这种情况。

为了理解力矩的概念，我们来看一下跷跷板和两个小孩的情况。假设这两个小孩体重相同，且距离跷跷板中间的支点距离相等，那他们产生的力矩相等但方向相反，跷跷板保持平衡【图1-5】！

但是如果把其中的一个小孩换成大人，力矩便不再等值，跷跷板失去平衡。等体重较重的一方落到地面，它才会达到新的平衡【图1-6】。

如果我没有理解错的话，只要两个力矩等值，两个人的重量不同也可以平衡。

完全正确！

如果大人距离跷跷板中心较近，而小孩子距离中心较远，跷跷板可以平衡吗？

当然可以！只要力矩等值。假如大人的体重是小孩子的2倍，他到中心的距离是孩子的1/2，那么这两个力矩等值，跷跷板保持平衡【图1-7】。

再想想，还有什么例子呢？对，杠杆，它可以举起重物的。

正是！杠杆可以产生很大的力，使我们可以移动重物。

像重力、风力、水压力这样能主动引起物体运动或产生运动趋势的力称为主动力或作用力，也叫荷载。由约束给予被约束物体的力叫约束反作用力或反作用力。

这种"省力工具"的原理是什么呢？

想象有一对大小相等、方向相反的力矩：其中一边是大石块，重量很大但力臂很短，另一边是人，力臂很长但力量却很小……

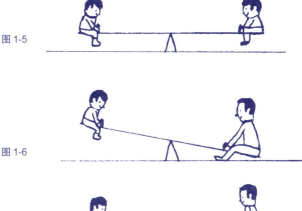

图 1-5

图 1-6

图 1-7

还是亲身体验一下吧，这样体会更深。

我们握住杠杆，例如铁质的撬杠【图 1-8】，将它的一端插入需要抬起的石头下面，然后向下压另一端。假设人这边的撬杠长度是石头那边的 4 倍，那么人抬起石头所需要的力将只有直接抬起时所需的 1/4【图 1-9】。

这样说我就明白了。

好极了！以后我们还会遇到很多不同类型的力矩和力偶，我们会逐渐熟悉的。

OK，作用力、反作用力和力矩我算基本理解了，但它们和建筑结构有什么关系呢？

我们可以具体来看一下一张小凳子的结构，让我们靠近观察它【图 1-10】。当我坐在凳子上时，我的体重通过凳腿"转移"到地面。我们可以

图 1-8

将这个凳子视为一座桥，或者想象自己是一只猫，它就是一个可以从底下穿过或逗留的屋顶。凳腿就像柱子，凳面就是一块楼板。凳子承受了自身的

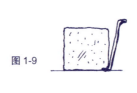

图 1-9

重量和施加在凳子上的外部重力。桥和楼房则还要承受很多不同类型的力，特别是承受组成建筑物的各个构件的自身的重量（或称为自重、净重），或者是与建筑物使用相关的力。这些力统称为作用力。

那就是说，一座铁路桥既要永久承受其自身的重量、铁轨的重量，以及火车通过时施加的力？【图 1-11】

是这样！同时这座桥还

要承受其他不同的作用力！例如火车刹车时对桥产生的作用力，还有一些力则与其所处的环境有关：比如风、雪、地震的作用力……除此之外还有

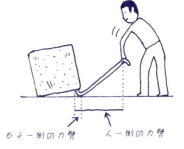

石头一侧的力臂　　人一侧的力臂

一些不可忽略的偶然出现的作用力（例如火车脱轨或者一辆货车撞到桥墩时产生的力……）。

OK。我踢一脚凳子也属于偶然出现的作用力吧？但你看，我踢的这一脚并不会破坏凳子的结构……

图 1-10

楼板

柱

是的！凳子仅是失去了平衡，而且很快又找到了新的平衡：倾倒在地面上【图1-12】。为了进行结构设计，我们应该全面考虑建筑物的平衡及结构的承受能力问题。

建筑物需要承受的荷载
● 自重（建筑物本身的重量）
● 与其使用相关的永久荷载（如铁路的道床及铁轨……）
● 与其使用相关的可变荷载（如火车经过时产生的作用力）
● 因气候环境产生的自然荷载（如风等因素）
● 偶然出现的偶然荷载

图 1-11

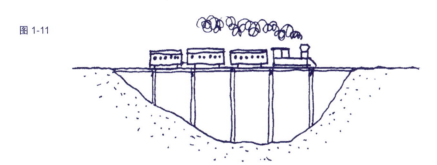

在我踢倒凳子以前，它用三条腿稳稳地站立着。那么它是否可以用两条腿站立呢？

也不是不行【图 1-13】，只是我们必须用自己的腿来代替凳子的第三条腿，使它维持平衡。所以实际上还是需要三条凳腿才行！

那如果有四条腿呢？

四条就过多了！四条腿的小凳子总会有凳腿长短不同的问题。例如，其中一条腿太短时，往往通过垫起一定厚度的纸板来增加腿长。如果不这样的话，凳子会出现两种平衡状态，每种状态都只用到其中的三条腿，凳子会在两个平衡状态之间来回摇摆。三条腿的凳子是静定结构，四条腿的凳子是超静定结构，而如果只有两条腿则是非静定结构，也就

图 1-12   图 1-13

图 1-14

是一种不稳定的结构。

但是我确实见过一条腿的凳子！

的确如此，然而一条腿的凳子常常需要将凳腿底部加大以防止其倾倒，同时确保它的稳定性【图 1-14】。

因此，想要制作一张凳子，只需一个凳面还有三条凳腿……

但这种随意搭成的凳子是不会稳定的【图 1-15】。

可是人受到的重力是垂直向下的，小凳的腿是垂直的，还有什么问题吗？

施加在凳子上的作用力并不是完全垂直的，同时还存

只存在一个使其达到平衡状态的约束的结构（如三条腿的凳子）称为静定结构；存在两个以上可以达到平衡状态的约束的结构（如四条腿的凳子）称为超静定结构（也叫静不定结构）。不存在这种外部约束的结构是非静定结构，它是不稳定的。

在着一些水平方向的侧力"干扰"。为了承受这些侧力，凳腿与凳面必须紧密结合在一起。这就是我们在建筑中所说的斜撑，也就是斜向支撑。

抗侧力斜撑？

抗侧力斜撑的目的是防止风力、地震力和其他所有水平力的"干扰"。对小凳子而言，我们只需将凳腿牢固地嵌入凳面就行了【图 1-16】。这样就可以避免凳子的倒塌。

图 1-16

OK，我重新总结一下：要想制作一张凳子，需要一个凳面、三条凳腿（既不能多，也不能少），然后将凳腿嵌入凳面就搞定了！

完全正确。一张凳子的结构必须确保下面三项功能：

● 搭建：将凳面搭在（或覆盖在）凳子底部的空间上；

● 支撑：通过凳腿（柱）将垂直方向的荷载转移至地面；

● 斜撑：凳腿与凳面严密嵌固，以确保凳子的水平稳定性，也就是使凳子具有"抗侧力"的能力【图 1-17】。

那么，只要确保以上三项结构性功能，我就可以放心

图 1-15

> 所有的建筑物体都是不同构件的组合，它们必须确保一项或三项结构性功能：搭建、支撑、斜撑。

地坐在上面了吗？我可不会这样放心，例如我不敢坐在玻璃制作的凳子上，总感觉凳面或凳腿可能会碎裂！

的确是这样！我们必须遵守的不仅是外在的规则并确保它的完全平衡，还应该顾及其内部组成材料、架构的承载力。就像我们身体的结构，它是平衡的同时又具有承载力（这要感谢我们坚硬又不易碎裂的骨骼和连接这些骨骼的韧带）。

我还不能完全理解这些内容……但尽管如此我还是明白了几个概念：

（1）作用力和反作用力；

（2）作用力和反作用力不在一条直线上时会产生力偶；

（3）施加在建筑上的荷载包括自重及其他不同原因产生的作用力；

（4）从外部构造和整体平衡的角度可以将结构分为超静定结构、静定结构和非静定结构；

（5）内部结构及三项结构性功能：搭建、支撑和斜撑。

下面，让我们来了解有关平衡的问题……

图 1-17

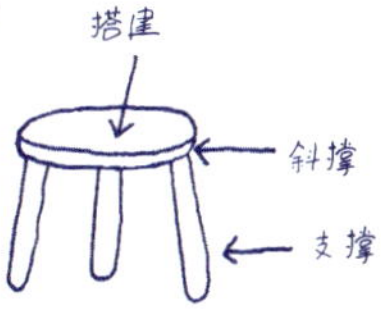

搭建
斜撑
支撑

第 02 章 关于平衡的问题

本章以公交车、水族箱为例讨论如何使建筑保持平衡。
我们将游览巴黎和布鲁塞尔，途经瑞士的阿尔卑斯山。

理解平衡概念的最好方式难道不是将平衡应用在我们自身的结构，也就是我们自己的身体上吗？我觉得如果要用一只脚站立，最好让自己的身体成一条直线【图 2-1】！

没错，为了使身体保持平衡，通过身体重心的作用力（即身体的重力）与（来自地面的）反作用力必须在一条直线上，如若不然……

我会摔倒，或者只好放下第二只脚！改用两条腿站立，这样比较容易【图 2-2】！

其实，用两条腿站立时，我们可以在不失去平衡的条件下侧身倾斜。当我们倾斜时，身体的重量被不均等地分担在两只脚上。只要身体的重心停留在两脚之间，就不会有问题，否则就会摔一个跟头……

此时我们可以通过将重心迅速转移到两腿正中间的安全区域来避免摔倒！通过让双腿更大幅度地叉开，可以使平衡区域变得更大。由此我便可

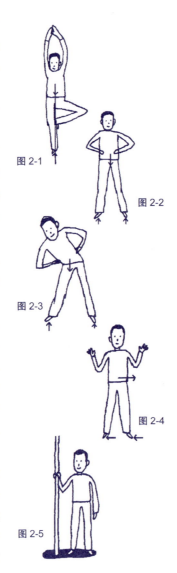

图 2-1

图 2-2

图 2-3

图 2-4

图 2-5

当经过重心的垂直线落到支撑面的外部时，物体的平衡状态会被破坏。支撑面是由支撑点组成的平面，即由最外侧的支撑点连线围成的平面。

以在确保安全的情况下更大幅度地倾斜身体【图 2-3】。

的确如此，加大支撑面的面积有助于维持平衡。因此，凳腿间距比较大的凳子更容易平衡。下面我们来探讨更复杂的情况：如果给身体施加一个水平方向的推力将会怎样，比如公交车上的乘客要承受的与加速和刹车相关的推力。

如果公交车开得不是太快并且我叉开双腿，即使不扶着扶手，我也能保持平衡！为什么我不会摔倒呢？

虽然公交车加速或刹车产生的水平推力和你的双脚与地面间的摩擦力达到了平衡，但是这两个力形成了力偶，力偶臂等于重心与地面之间的距离。这个力

偶使人向前轻微倾斜。由于身体发生了倾斜，身体所受的重力和支撑力就不保持在同一条直线上了，也形成了一个力偶。这两个力偶可以相互抵消，从而使身体保持平衡，不会摔倒。分开双脚则加大了支撑面的面积，可以使你更容易保持平衡【图2-4】。

也就是说，两个站在公交车上的人，如果体重相同，那么个子矮而敦实的人比个子高身体修长的人站得更稳？

真是绝妙的联想！矮而敦实的人身体重心更接近地面，力偶臂较短，失去平衡的概率更低。

但如果公交车快到一定程度，我就要扶住扶手，这样刹车时才能站稳！

是的。这是因为当汽车刹车产生的推力过大时，你与地面的摩擦力已经不足以将其抵消，还需要再施加一个水平力与之抗衡。

这个力就是当我扶住扶手的时候手臂承受的力【图

> 为了让身体能保持平衡，施加在身体上的所有作用力和力矩必须保持平衡。

2-5】！如果这两个力不能相互抵消的话，我就会……咔嚓！

没错，你的身体会一直摇晃，直到找到一个新的平衡。

我现在想到了另一个例子——火箭！

真是个有趣的例子！在这个例子中，发动机产生的推力应该大于火箭所受的重力，这样火箭才能发射出去。但是这两个力必须严格保持在一条直线上，否则由此产生的力矩会使火箭发生翻滚。

OK，让我们回到身体的平衡上来吧。保持平衡的游戏很有趣，就像马戏团演的把戏，但它能帮助我们了解建筑吗？

不仅如此！人们建造一座建筑的目的，有时是为了展现一场浩大的平衡以吸引眼球，体现建筑之美。因此，在1889年的巴黎，建筑师埃菲尔提议并建造了以其名字命名的铁塔。这座铁塔让许多人惊叹，它的外观比它的实用性博得了更多赞美。埃菲尔铁塔为了增强自身的平衡能力而"张开四脚"，稳定了其平衡。同时，这个稳固的支撑面也可以抵抗风力的作用【图2-6】。

图2-6

埃菲尔铁塔（法国巴黎）

对于很多人来说，埃菲尔铁塔象征着巴黎和法国，它甚至是金属结构和工程艺术的代表。它于 1889 年巴黎世博会时启用。虽然以著名的法国工程师古斯塔夫·埃菲尔命名，但这座铁塔实际上是由工程师艾米勒·努吉耶、莫雷斯·克什兰（两人均属于埃菲尔公司）与建筑师史蒂芬·叟伍斯特联合设计的。

埃菲尔还有许多其他著名的建筑作品，比如纽约自由女神像及拉比特高架桥。埃菲尔铁塔是一座高达 300 米（含天线总高 324 米）的巨大金属（钢）结构建筑，其支撑面是边长 125 米的正方形。整个结构使用了18 000 多个金属构件和 250 万根铆钉！四个塔脚像四根斜柱，越往上越靠近，最终融合在一起。它的每个塔脚由一个独立的基础支撑，每个塔脚在一层和二层以四根水平桁架连接。第一层上面的拱没有任何结构性功能，仅作装饰之用。从尺寸上看，埃菲尔铁塔是很"轻"的，但仍有 10000 吨重，其中 7000 吨是金属结构的重量。

风的力量很巨大吗？

是的，非常巨大。风力的大小主要取决于风的强度和速度……例如，施加在一栋 6 米宽、8 米高的房屋立面上的风力有近 3 吨；施加在 3 米高、4 米宽的商店橱窗上的风力相当于一辆小轿车的重量。

那埃菲尔铁塔承受的风力有多大呢？

500 ～ 1000 吨。

的确很惊人！我猜想除了

埃菲尔铁塔之外，一定还有其他很多令人惊叹的建筑吧？

当然了，的确还有许多令人惊叹的建筑。特别是在历次世界博览会期间，很多国家和企业会利用这个机会展示其高超的建筑技术。

以下是两个与 1958 年布鲁塞尔世博会相关的例子，它们可以让我们深入了解平衡的概念。那是在第二次世界大战之后，一个充满乐观主义的时

代。在那个"黄金 60 年代"的伊始，似乎一切皆有可能！

第一个例子是土木工程馆。但很不幸，为了腾出它所占用的土地，这个展现极佳平衡的建筑已于 1970 年被炸毁。第二个例子是原子塔，它很幸运地保留下来，目前依然是比利时首都的标志性建筑。

有人说原子塔有三个球体是多余的。

事实并非如此，它的每一

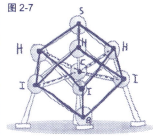

土木工程馆（比利时布鲁塞尔）

由建筑师尚·范多泽拉瑞、工程师安德烈·帕迪阿特及雕塑家雅克·莫沙尔共同创作。该建筑和原子塔一样，都是为 1958 年世博会而建。这座长长的悬挑箭形建筑，以钢筋混凝土折板构成，长 78 米，

直指天空。另一边与其平衡的是一间同样悬空，以穹顶覆盖的展览陈列室。所有结构都仅靠中间的三根柱子支撑。这座向世人展现比利时土木工程技术的建筑物支撑着一座人行桥，桥的下方是一幅浮雕的比利时地形图，用以展示比利时杰出的建设成就。此作品是当时的土木工程师力排众议完工的，被称为"力量之塔"。

原子塔（比利时布鲁塞尔）

该塔既是一座建筑也是一件雕塑作品，其设计构思是将金属铁分子的模型放大 1650 亿倍。原子塔由比利时的几大冶金企业为了在 1958 年世博会上展现其工业水平而建造，由工程师昂·瓦特凯

恩设计，工期 14 个月。原子塔 8 个象征铁原子的球体位于正方体的 8 个顶点，另一个圆球位于正方体的中心。球体直径 18 米，表面覆盖三角形铝板（现为三角形不锈钢板），球体之间的连接钢管每根长 26 米、直径 3 米，塔高 102 米，总重 2400 吨。三根柱子支撑着下方的球体，并确保整体结构的稳定。

部分都是不可或缺的。由每个点延伸而来的立方体，使原子塔可以以悬空的形式呈现在世人面前。由于原子塔本身的结构是对称的，所以它本身的重量不是问题，问题是参观者进入球体时产生的作用力和风力会造成的水平力不对称。尽管有三根底部脚柱，但为了确保平衡和限制结构自身产生的力，必须空出位于顶端球体下方的三个球（H），这三个球体与其他球体是不相互连通的，所以我们无法进入这三个球体【图2-7】。

那是不是说只有非常壮观的建筑才存在浩大的平衡呢？

图 2-7

绝非如此！有时一些外表朴实的建筑也隐藏着浩大的平衡。在某些情况下，一些水平的推力要远远大于风力的作用，例如水的压力。

这种情况就像我的水族箱里面的情况吗？【图2-8】。

不仅是水族箱、游泳池，这种平衡更体现在蓄水量巨大的水坝上。水坝的用处不仅是蓄水，还可以发电。

图 2-8

我明白了！水坝蓄积了大量的水，但它依旧要保持平衡。

是的，水坝的重量必须足以确保它的稳定性。它既不能滑动也不能倒塌【图2-9】。为了更好地理解，我们可以用两个坐在凳子上的人来模拟滑

图 2-9

动和倾倒【图 2-10】。

我推坐着小孩的凳子【图

图 2-10

图 2-11

图 2-13

图 2-12

图 2-14

2-11】比推坐着大人的凳子更容易滑动【图 2-12】，而且推倒坐着小孩的凳子【图 2-13】也比推倒坐着大人的凳子更容易【图 2-14】。

是的。让我们回到水坝

的问题上……为了使水坝不发生滑动，必须使水坝底部和地面之间的"摩擦力"大于水压产生的推力。这个"摩擦力"不但和水坝的重量成正比，并且还与水坝和其底部基岩接触面的粗糙程度密切相关。水坝在水的压力下本来有倒塌的趋势，为了避免倒塌，必须使水坝重力产生的力矩——稳定力矩大于水的推力所形成的力矩——倾倒力矩。像大迪克桑斯坝这种类型的混凝土水坝的稳定性，是由坝基的宽度、重量来维持的。利用自身重量来抵抗水的推力的水坝叫重力坝；还有一些混凝土水坝则依靠其结构来抵抗水的推力，这种水坝叫拱坝。以后我们还会再涉及这个话题。

不管哪一种结构，甚至是埃菲尔铁塔，都必须同时确

> 若要保持结构的平衡，必须确保结构的平移平衡和转动平衡。

大迪克桑斯坝（瑞士瓦莱州）

这座位于阿尔卑斯山区的水坝是为了增加瑞士的水力发电量，于 1953—1961 年在瑞士罗讷河支流迪克桑斯河上建造的。该坝体积庞大，是世界最高的混凝土重力坝，同时也是欧洲最高的水坝，高度为 285 米，超过了埃菲尔铁塔的高度。坝长748 米，深度 15～200 米不等，使用了 600 万立方米混凝土，可蓄水 4 亿立方米，水面面积 404 公顷。

保平移平衡与转动平衡吗？

是的。但鉴于埃菲尔铁塔的高度，它倾倒的可能性要比滑动的可能性大得多！

说起来容易！但我们要如何防止呢？

为了增强塔的稳定性，我们可以增大其底部的支撑面（可增大稳定力矩），或者增加塔身的重量（同样可增大稳定力矩）。

所以，像埃菲尔铁塔这

图 2-15

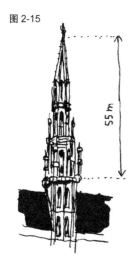

55 m

布鲁塞尔市政厅高塔（比利时布鲁塞尔）

这是一座哥特式建筑，其历史可追溯至 1455 年，是由尚·范鲁斯布鲁克建造的。在其塔尖处树立着比利时的守护神大天使圣米歇尔与恶龙搏斗的雕像。塔的总高（包含雕塑）为 96 米，下半部高约 36 米，截面成方形。上半部高约 55 米（不含雕塑），共有三层楼，以八根排列成八角形的柱子组成，柱子的直径为 8.8 米。该塔是用产自当地的石材建造的。

样用钢材建成的很"轻"的塔，必须使四只塔脚分开，以增大其支撑面。

完全正确。但如果是一座同样高度、用石头建成的很重的塔，只要较小的支撑面就能拥有更大的细长比。

什么是细长比？

我们可以用一座塔的高度和其底部尺寸的比值来定义细长比。例如，我们可以比较一下布鲁塞尔市政厅高塔和巴黎埃菲尔铁塔。对于布鲁塞尔市政厅高塔来说，其高出的部

分是 55 米，底部宽为 8.8 米，细长比为 6.3【图 2-15】；而埃菲尔铁塔的高度是 300 米，底部的宽度是 125 米，细长比是 2.5【图 2-16】。

如果我的理解没错，在塔基大小相等的情况下，较重的塔可以建得更高，更细长！

是的。

我现在概括一下到目前为止我们已经学到的知识：

● 一座建筑应该完全保持平衡，这是必须的！

● 结构是由不同构件组合成的，这些构件必须实现一项或三项结构性功能：搭建、支撑和斜撑。

但是这些对于所有建筑都有效的理论如何应用于不同建筑（如桥梁、楼房等）的呢？

不管是哪一种建筑，其主要功能无非以下几种：

● 覆盖、遮蔽、分离一个活动范围；

● 叠加活动范围（多层）；

● 利用桥梁和高架桥

图 2-16

300 m

克服地形障碍物（河流、山谷……）；

　●作为交通运输路线（地面上的桥梁、地下的隧道……）。

　首先是"搭建"的运用，然后必须再与"支撑"和"斜撑"关联。

　了解搭建的作用，可以帮助我们更清楚地理解结构。

　OK！我们出发，一起去搭桥！

第03章 来搭一座桥

本章以桌子、树为例讨论支撑问题。
我们将游览威尔士和苏格兰，途经多伦多。

图 3-1

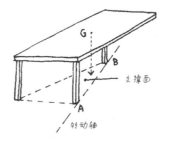

图 3-2

我们要开始搭桥了，不过得一步一步来！如果把这张桌子放大，它可以是一座桥，或者一个室内网球馆【图3-1】。既然像我们之前讨论的凳子那样，三条腿就能保持平衡，那桌子为什么需要有四条腿呢？

对一张长方形桌面、三条腿的桌子来说，只要施加在桌子重心的重力（G）落在三条腿组成的三角形区域里，桌子就可以依靠其本身的重量保持稳定。这个三角形就是桌子的支撑面【图3-2】。

我还是不太懂……

虽然满足了这个条件足以让桌子站立，但桌子还有可能因外力的作用而失去稳定，比如当我们坐上去的时候。

那将会怎样呢？

桌子可能会沿着A、B两点的连线倾倒。为了避免倾倒，须使由重力产生的稳定力矩大

于我们坐到桌子上时产生的不稳定力矩。这里的重点是，这个不稳定力矩将会大于桌子本身的稳定力矩。

如果这个力特别大……

桌子会咣当一下倒下！这仍然是有关力矩的问题。因此要维持平衡，我们还是继续使用四条腿的桌子吧。

我们找一张用方材和板材组成的桌子来吧。

方材？板材？

图 3-3

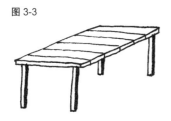

图 3-4

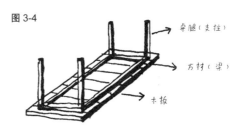

方材是横截面为矩形的木条，属于一种小木梁【图3-3】。让我们把桌子反过来，这样看得清楚些【图3-4】。

我明白了：板材压着方材（也就是梁），方材压着桌腿，一张桌子就完成了。

还差一点。我们前面提到，为了防止类似风力的外来力的干扰，还需要把凳腿嵌入横向和纵向的方材里。这又是我们之前讲的三项结构性功能：

● 搭建：板材和方材（梁）；

● 支撑：凳腿（支柱）；

● 斜撑：凳腿嵌固到方材（梁）里。

这些梁是"棱柱形"梁（其底部和侧面都成棱柱状），是实心的，和厚木板一样用于木结构建筑。我们也可以用一根

图 3-5

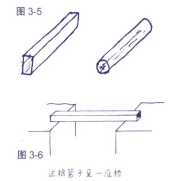

图 3-6

还根管子是一座桥

圆木作为梁，不过其横截面是圆形的。如果桌子是金属材料的，那么方材会以管材来取代。这些管材也是梁，只不过是"空心"的梁，与实心的棱柱梁不同【图3-5】。

可以用"管状梁"来搭一座桥吗？

完全可以【图3-6】！历史上曾有过一个很好的例子——不列颠桥。该桥采用一

对截面为矩形的全封闭金属管来建桥。但不幸的是，这座桥在1970年的一场火灾中被毁。

真是不可思议！这可能是一个很笨的问题，但梁是怎样"发挥功能"的呢？

不，刚好相反，这个问题很好！为了继续前进，我们必须把基础打好，稳固根基！

要趁热打铁！

先回到前面已经讨论过的作用力和反作用力上来。

我记得！如果我用一根手指按压木板会对木板产生作

图 3-7

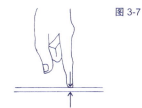

不列颠桥（英国威尔士）

该桥由英国工程师罗伯特·史蒂芬森（铁路和火车头发明者乔治·史蒂芬森之子）于1850年建造。火车在封闭的金属管道里行进，跨越安格尔西岛和大不列颠岛之间的梅奈海峡。该桥由四个桥跨组成，两侧的桥跨较短，中间两个长桥跨跨度均为140米。大桥在1970年被烧毁，之后被重建，但是重建过后却没能保持原来的结构形式。

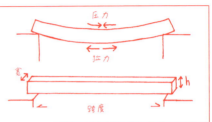

为了使一根梁具有承载力，由作用力与反作用力错开而产生的外力矩，必须与梁底部所受拉力和梁顶部所受压力形成的内力偶平衡。内力偶的力偶臂对应的压力与拉力之间的距离略小于梁的高度（ h ），因此，梁越高，内力偶的作用就越弱，梁的承载力就越强。

图 3-8

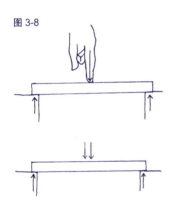

图 3-9

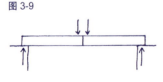

图 3-10

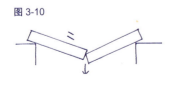

用力；木板保持稳定，必然会受到一个反作用力【图 3-7】。

在这个例子中，作用力和反作用力重合且在一条直线上。但对梁来说情况却不尽相同。作用力和反作用力不会重合，也因此实现了搭建的目的。如果我按压梁的中点，则反作用力一半会施加在左侧，另一半会施加在右侧【图 3-8】。我们可以想象将梁分成两半，分别向下按压【图 3-9】。

那我能不能真的把梁切成两段呢？

不能，那样做的话，分开的梁会掉下去【图 3-10】，它们必须合在一起"工作"。

如何"合在一起"呢？

假设一根梁被分成两段，

怎么才能用最少的材料让两段梁一起"工作"呢？

只要在梁的底部把两部分连接起来就行了。

太棒了！例如，可以用一块小板条将两部分固定在一起，这时小板条可以承受梁底所受拉力。至于梁上部则不用担心，问题会"自动解决"：两段梁会"彼此紧靠"，由此产生压力。小板条可以恢复梁底部的拉力，使断开的梁恢复承载力【图 3-11】。

明白了。所以说梁的承载力首先和梁的材料有关。

图 3-11

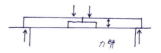

混凝土和钢筋混凝土

　　钢筋和混凝土的结合可以追溯至 19 世纪末。法国人弗朗索瓦·汉尼比克（1842—1921）发明了整体浇筑钢筋混凝土的技术。混凝土实际上是碎石加上砂浆（砂、水泥和水的混合物），其历史非常久远。罗马人曾大量使用以火山灰和石灰混合而成的天然混凝土，罗马万神殿的穹顶就使用了天然混凝土。有些科学家认为，埃及金字塔的塔砖也是用混凝土制作的。19 世纪中期，在几个不太知名的建筑中使用了混凝土之后，这种材料在 20 世纪初被大量使用，成为现代建筑工程中不可或缺的建筑材料。

　　当物体受到外部影响而变形时，其内部各部分之间会产生相互作用的内力（称为应力）以抵抗外部影响，并试图使物体恢复到变形前的位置。梁在承重后会产生拉力【图 3-12】或压力【图 3-13】来抵消承重力。一些材料（如钢材或木材）能承受较大的拉力，另一些材料（如砖石或混凝土）的抗拉能力则较差，但几乎所有的材料都承受较大的压力。所以通常用木材或金属做梁而不用砖、石料或混凝土。

　　不能用混凝土？但是为什么有那么多梁都是用混凝土

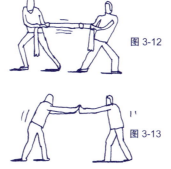

图 3-12

图 3-13

制造的呢？

　　那些梁并不是用混凝土制造的，而是用钢筋混凝土制造的。钢筋混凝土使混凝土和钢筋优势相结合，两者各自发挥其优点：混凝土用来承受压力，而里面的钢筋则用来承受拉力。

　　但是既然钢材本身也具有抗压性能，为什么不能只用钢材来制造呢？

　　这个问题问得非常好，而好的问题通常不只一个好的答案。钢筋混凝土的防火性能要比钢材好，也比较方便使用模板浇筑我们需要的各种形状……除此之外，还要看不同地方的习惯和价格。美国的大楼经常使用钢材，而欧洲常用混凝土做建材。

　　无论材料是钢筋、木材还是钢筋混凝土，梁就是梁，它建立在两个支撑点上。一个支撑点太少了；三个支撑点又太多；两个正好满足一根静

定梁的需要。但我们不是曾经讨论过，物体想保持静定需要三个支撑点吗？

是的。但是我们之前讨论的凳子存在于真实的世界，是三维的空间。而我们现在其实是"纸上谈梁"，是基于二维平面。在这个二维空间中，两个支撑点就足以让梁保持静定。

那么在二维空间中，凳子就可以只有两条腿！

就是这样【图3-14】！

那么我画在纸上的梁至少需要有两个支撑点……但纸上画着的树枝却只有一个支撑点呢！

的确如此，但是树枝是嵌入树干或其他树枝之中的。在这种情况下，树枝上的作用力和支撑点对其施加的反作用

图 3-14

图 3-15

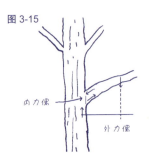

图 3-16

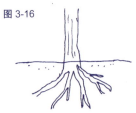

力产生外力偶，而树枝支撑点的内力会产生内力偶，外力偶被内力偶抵消了【图3-15】。

树枝嵌入树干，和钉入木板的钉子、插入土壤中的树干情况一样吗？

差不多。树枝嵌入树干和钉子钉入木板的情况类似，但树干不是被钉入土里，而是在土里扎根【图3-16】。

那对于塔来说呢？

像我们之前了解的那样，这取决于塔的形状、细长比及

它的重量。不管是之前讨论的埃菲尔铁塔还是布鲁塞尔市政厅高塔，都不是锚固在土里，而是被"放置"在地上的。但要注意，它们不是放置在地表，而是被深深地"放置"在地表下。但是较细和较轻的塔，就必须用打桩来抵抗拉力。这些桩基础用来抵消土里的力矩，从某种程度上来讲，它们是建筑物的"根"【图3-17】。

因此太细高的塔会像树干一样，底部深埋在土里，截面积随着高度升高逐渐减小。

没错。曾经的世界上高度最高的通信塔，多伦多的加拿大国家电视塔就是这样。

不可思议！我发现这座

图 3-17

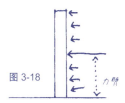

图 3-18

力臂

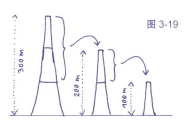

图 3-19

塔越靠近地面，截面积就越大，这该怎么解释呢？

塔越高，它承受的风力就越大，相对来说力臂也越长。因此塔底部所受的外力矩（风力和力臂的乘积）随着塔高的增加迅速增大【图 3-18】。而塔底部所承受的内力矩必须与外力矩等值，因此内力矩也应该随着塔高增加而增大。为了

增大内力矩，我们必须增加塔底部的面积。所以，塔越高，塔底部截面积就越大。

我们可以大致地认为高塔是由多个矮塔一座叠一座形成的。对于一座 300 米高的塔，可以把一座 200 米高的塔看成它最上面 200 米的部分，而另一座 100 米高的塔相当于 200 米高的塔最上面

100 米高的部分，以此类推【图 3-19】。当然，这只是个近似，因为风压值会随着高度不同而发生变化。

我懂了。但塔的截面形状都有哪些呢？加拿大国家电视塔的截面有三个分支（像字母 Y），但我见过圆形的塔。

在二维平面图上，塔是平面的，在三维的现实世界中，很多形状都是可行的。塔的截面可以是圆形、方形、三角形、十字形，或者像加拿大国家电视塔一样成 Y 形，这些形状都能够抵抗来自不同方向的风力【图 3-20】。

三个分支，就像三只腿的凳子！太棒了！别忘了我们生活在三维世界！我想我们更进一步……我现在有个"新玩

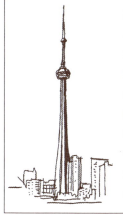

加拿大国家电视塔（加拿大多伦多）

该塔 1976 年建成，官方名称为加拿大国家塔（CN Tower），总高度为 553 米。游客可以进入该塔距地面 350 米的餐厅和观景台。它曾是全世界最高的塔，直至 2007 年才被迪拜的哈利法塔所取代。这座塔是建筑师约翰·安德鲁的杰作，其主体由一根截面为 Y 字形的钢筋混凝土"杆"组成。随塔高增加，塔的横截面逐渐减小。

图 3-20

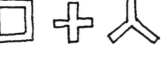

图 3-21

意儿"——一根棱柱状的梁，它可以帮助我们进一步了解结构的世界。我可以将它架在两个支承（术语叫"支座"）上，或者只嵌入一端。但……这样能稳固吗？我来试试看……有点问题！看，当我"落"到梁上时，我会对梁施加一个垂直的力，也就是我的体重，同时还会产生一个水平方向的力。如果梁没有固定住，这个水平力会使梁滑动并跌落，我也会摔下去！所以必须把梁固定住才行【图 3-21】！

是的，但是要注意，梁必须能够自由伸缩。

自由伸缩？

和所有其他物体一样，梁也会随着温度的变化而膨胀或收缩。如果温度上升且梁的两端都被卡死，它就不能膨胀，

便会产生应力，梁会因此拱起变形；如果温度下降而梁的两端都被卡死，产生的应力甚至会使梁发生断裂。因此梁的支承必须能允许梁有伸缩的空间【图 3-22】。

OK，支承的概念清楚了。我把梁固定在一个或两个支承上，但为什么不能更多呢？

就像凳子一样，如果支撑点的数量正好，梁就处于静定状态；如果支撑点太多，就是超静定状态了【图 3-23】。

那就是说，我们永远用不到超静定梁了？

不，基于以下几个原因，我们会用到超静定梁：超静定梁更坚固、不易变形、可以分散作用力，而且原材料的耗费较少。通过一些方法，我们可以让超静定梁有多个跨。

图 3-22

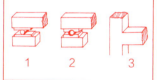
这就像桌腿牢固地嵌入方材中那样。

正是如此！由梁和柱嵌固（刚接）而成的承重体系，我们称之为"框架"结构（又称构架式结构）。

因此可以把一张桌子看成

用一些梁和板，我就可以搭一座桥。

是的。你造的这个平板称为桥面。我们可以用一些梁和板来建造。

看！一个用水平梁和铺在梁上的板组成的桥面【图

图 3-23

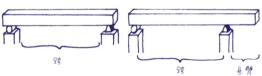

是由"框架"支撑桌面形成的。

没错，但在这种情况下，"框架"主要起到的作用是使桌子具有抗侧力斜撑的功能，我们后面还会提到这一点。

我们还是先来造桥吧！

3-24】。我曾在高速公路上见过这种桥，它的"梁"有些奇特……

这种桥是"悬臂桥"：桥的中间部分支撑在边跨上，成"悬臂"【图 3-25】。这个原理

被应用在 1890 年苏格兰建成的一座宏伟的大桥上，这就是著名的福斯桥【图 3-26】。为

图 3-24

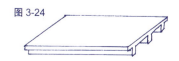

图 3-25

了更好地理解这座桥的原理，让我们来看看下面这个小实验：坐在中间的人代表福斯桥的一段边侧有两个桥跨的桥面。他的双脚悬空，也就是悬吊着，坐在一块由旁边两人支撑的木板上。旁边的两人受到两个力矩的作用：一个不稳定力矩，由中间那个人的重量产生，另一个是稳定力矩，来自旁边的重物。这两个人在这两个力矩的作用下保持平衡【图 3-27】。

清楚了。

我们已经分析并理解了平衡的整体概念，下面就让我们更深入分析旁边两人所代表的巨大的菱形构架的原理。

让我们更仔细观察。

在中间那个人的体重和旁边重物的作用下，旁边两人的手臂都承受了拉力，而他们手中与椅子连接的杆则受到压力。两人手臂所受的拉力与肩膀处的反作用力平衡，并沿着脊椎产生向下的压力；受到压力的两根杆与椅面处的反作用力平衡，并对椅子腿产生压力【图 3-28】。

图 3-26

图 3-27

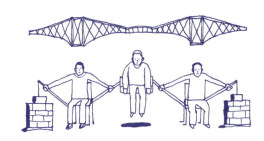

图 3-28

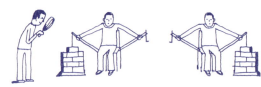

因此，中间那个人的体重就通过旁边两人和他们所坐的椅子传递到了地面。

正是这样！

差不多理解了。关于桌子的问题先不要延伸得太多，但是通过福斯桥的工作原理我懂了！我们又前进了一步。

我先整理一下重点……

我们探讨了如何用梁和板来搭建，认识了有两个支承的静定梁，单一支承的悬空的梁，还有超静定梁……悬臂梁（这种梁有点怪异）。真是多种多样！让我们继续向前，再观察一下桌子，看看能否从中找到其他灵感……

但是在进入下一章之前，最好先弄清几个关于桥的名词：桥面、桥台、桥墩、伸缩缝，及桥跨和跨度……

福斯桥（英国苏格兰）

该桥建于 1890 年，桥长 2.5 公里，为钢结构的铁路桥，连接福斯湾的南北两岸。中间两个主跨的小桥面被末端两个巨大的菱形结构所支撑。该桥采用"悬臂"结构，两个主跨的跨度长达 521 米，远远超过当时最大的悬索桥。这座桥是工程师约翰•福劳尔和本杰明•贝克联合设计的。

桥面就是桥上的"板"，由梁和板组合而成。它的两端压在桥台上。中间的支撑点叫桥墩。两个相邻的桥墩之间的空间叫桥跨，桥跨的长度叫跨度。通航水位到桥的上部结构下缘的高度称为桥下净空高度。在桥两端的桥台和桥面之间有伸缩缝。

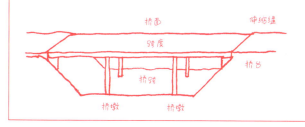

第04章 神奇的折板

本章以纸飞机为例探索钢筋混凝土薄壳结构。
我们将游览巴黎和马德里。

图 4-1

图 4-2

回到前面没谈完的桌子上来，它是将板材架到梁上组合而成的【图4-1】。我觉得我也可以只用一块大的板子来代替许多小木板。试试看……结果并不理想，板子太软了【4-2】。怎样能让它变硬呢？让它有折痕就行了，就像折纸飞机一样！看，我折好了！但这样一来桌面就不光滑了……不过虽然这个方法对于桌子来说不合适，但完全可以用于屋顶【图4-3】……

正是如此，所以我们可以用钢筋混凝土折板做屋顶。

钢筋混凝土折板？这怎么可能……

钢筋混凝土薄壳是一种厚度为 5～10 厘米的很薄的建筑构件，其厚度和它的长度与宽度相比很小，但正是"折痕"赋予了它刚度和承载力。让我们看一个简单的例子——一根倒 V 形梁【图4-4】。如果我们在薄壳两端持续加几个高度不同的倒 V 形梁，就可以得到一个折板的框架系统【图4-5】。联合国教科文组织总部会议厅就是建立在这种结构之上的例子。利用这个原理，我们用"折痕"或者说"波浪"的外形就能达到确保刚度和承载力两个目的【图4-6】。在 1935 年，托罗哈在建造西班牙萨苏埃拉竞技场看台的时候

图 4-3

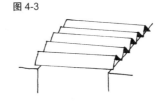

图 4-4

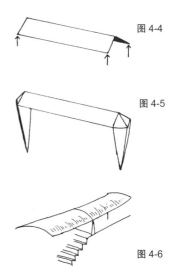

图 4-5

图 4-6

就采用了这种结构的屋顶。

采用这种薄壳制造的梁，可以在充当承载构件（梁）的同时还起到遮蔽（屋顶）的作用。一般的看台是由悬臂梁和覆盖物构成的，而在这里，两者合二为一了！

太棒了，真是伟大的杰作！世界上有很多建筑使用这种薄壳结构吗？

并不是特别多。但举例来说，土木工程馆巨大的悬臂梁就使用了折板薄壳。这种薄

壳的缺点是必须用模板塑形，而且需要很大的支撑架。这要耗费很多人力，因此造价不菲。如今我们则更偏好使用金属结构、缆索结构或建筑纤维做屋顶，因为它们更经济实惠。

虽然人们现在已经很少采用这种折板结构了，但以上分析让我对结构有了更深刻的理解，我觉得自己已经开始找到窍门了！在继续前进之前，让我们先休息一下，荡荡秋千，

而这仍然和结构有关！

当然了，结构无处不在！

联合国教科文组织总部会议厅（法国巴黎）

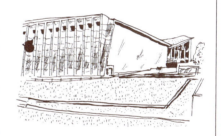

此会议厅是联合国教科文组织总部的一部分，由三名不同国籍的建筑师于 1954—1958 年间建造。建筑师是马歇·布劳耶和伯纳德·泽尔夫斯，工程师是皮埃尔·奈尔维，我们后面还会欣赏到他的作品。会议厅的侧面成梯形，平均高度 68 米，宽度 34 ~ 60 米不等。其屋顶为钢筋混凝土折板，被三组线性支承所支撑，连续 12 根高度不同的倒 V 形梁压在三个支撑点上。末端的两个支承和建筑物以折板形成的立面组成了一个半框架结构，中间的线性支承是一排梯形截面的柱子。

萨苏埃拉竞技场（西班牙马德里）

这个钢筋混凝土折板结构的杰作，是工程师爱德华多·托罗哈及建筑师卡洛·阿尼切斯、马丁·多明戈斯共同设计的。工程于 1935 年动工，1936 年快速进展，但因西班牙内战（1936—1939）被迫停工，直到 1941 年才完工。虽然在内战期间遭到多次轰炸，但它的屋顶依旧没有坍塌！这座竞技场的独特之处在于其看台的屋顶使用了钢筋混凝土折板，末端的悬空部分厚度只有 5 厘米！正是"波浪形折痕"使这片长达 12.6 米的悬空薄壳有了刚度和承载力。屋顶是由看台阶梯最顶端的柱子支撑的，后端设置受拉构件，避免了屋顶因悬空部分的重量而倾倒。

第05章　力的传递路径

本章以树、秋千及自行车为例研究力的传递路径。
我们将游览法国和英国，途中经过委内瑞拉。

请跟上我们的脚步。坐在秋千上的时候，双脚离开地面，而秋千和凳子或桌子不一样，不是用"柱子"来支撑的！神奇吧？这让我想起前面介绍福斯桥时讲到的位于中间的那个人。让我们跟随力的路径走：

图 5-1

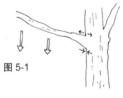

图 5-2

树枝嵌入树干，我被悬吊在树枝上，我的体重通过秋千的绳子由树枝传递给树干，然后一直"向下"传递到地面。悬吊身体的秋千产生的作用力与树干支撑点之间产生的力偶被树根所受的力矩抵消【图 5-1】。剩下的就看树枝的承载力是否足够。

就像我们之前讲的，树枝所受的拉力最好不要超过树的承载力，否则【图 5-2】……

话说回来，力的路径，我喜欢通道这个词，它使人想起散步。

荷载最终必须传递到地面，但可以通过柱子来直接传递，也可以通过吊杆再经过柱子来间接传递。

力通过柱子向下传递，而吊杆将力向上传递。因此吊杆就像颠倒的柱子，柱子和吊杆的原理是一样的！

不完全正确。让我们看一根很细但承载力很大的棍子。我可以凭借拉力悬吊在上面，它完全可以承受我的重量

【图 5-3】。但我要是站在棍子上面，棍子就会弯曲而无法承受【图 5-4】。

天呀，这就像卓别林的拐杖，为什么会这样呢？

当物体受到外部拉力作用的时候，其内部产生的拉力会自动成一条直线，整体可以保持稳定【图 5-5】。相反，当一根棍子承受压力的时候，

图 5-3

图 5-4

图 5-5

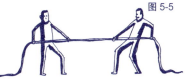

图 5-6

线状物体所受到压力达到极限时发生的弯曲变形现象称为挫曲。

必须保证作用力和反作用力严格地成一条直线，否则将会产生力偶【图 5-6】。但在现实中是无法保证两个方向相反的力严格地成一条直线的。

世界上不存在十全十美的事情！

因此总会存在一些微小的"差距"。因为存在这个"差距"而产生的力偶会使棍子变形，力偶臂增大，力偶矩随之变大，棍子的变形程度更大，力偶矩变得更大……

天呀，恶性循环！

如果棍子很坚硬，它只会发生微小的变形，这时状态会趋于稳定；如果棍子不够坚硬，那么变形会越来越大，最

终出现"暴增"，这就是挫曲现象。

我还不是太清楚……再举个例子会更好些！

想想卓别林的拐杖。他拄着拐杖时，拐杖会弯曲下凹，然而不会折断，因为拐杖是有弹性的。但如果卓别林的拐杖是玻璃做的，我们就没有机会听到关于他的一切了。

但是变形的柱子就不能再载重了！

是的，所以必须避免柱子弯曲！

那怎样来实现呢？

重新回到凳子上，观察一下它的"柱子"。毫无问题，它很稳固【图 5-7】。但凳腿

较长的凳子就叫我们头疼。长凳腿可能会挫曲【图 5-8】。但我们可以通过多种办法来解决这个问题，比如将凳腿连在一起【图 5-9】。

啊！原来连接凳腿的横档不仅仅是为了让我们把脚放上去？真是个好办法！

我们也可以用更粗的凳腿……

但是这样会更重而且耗费更多的材料！

并不尽然：我们可以把凳腿做成空心的，只要使材料均匀分布就可以了。耗费同样多的材料，我们可以做一根空心的管子，也可以做一根实心的杆【图 5-10】。

图 5-7

图 5-8

图 5-9

图 5-10

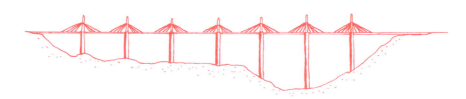

在同一个截面中，材料距离截面的中心越远，抗挫曲能力就越强。因此，空心的管子比实心的杆承载力更大。

在承受相同承载力的情况下，承受拉力的吊杆可以比承受压力的实心杆更细。杆越长，这个差异就越显著。

OK！用于悬吊的"柱子"可以比地面上的柱子更细，但是我们最终还是要通过柱子把荷载传递到地面，那么悬吊的"柱子"优势在哪里呢？

悬吊的方法可以减少柱子的数量，从而把压力集中在几根不容易挫曲的粗柱子上【图 5-11】。斜拉桥就利用了这个原理，这样施工更容易，占用的土地也更少。米约高架桥就是个极好的例子。在这类高架桥中，斜拉的部分称为斜拉索，因此称这类桥为斜拉桥（斜张桥）。你可以想象一下，在山谷里，数量众多的拉索变

图 5-11

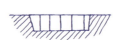 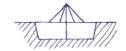

米约高架桥（法国阿韦龙省）

　　这座横跨塔恩河谷，桥身微弯，长 2460 米的斜拉桥建成于 2004 年 12 月 17 日。该桥以其设计独特、和当地景观的完美融合及庞大的体量而闻名。该桥桥面宽 32 米，最高处距谷底 270 米。桥身极其纤长（桥身厚度只有 4.2 米，跨度达 342 米），由七座桥塔悬吊的七组扇形斜拉索支撑。桥面采用流线型的钢箱梁结构，用渐进法施工，以抵抗时速 200

千米的风力。每座桥塔均立于一座桥墩上，最高的桥墩高达 245 米。该桥由工程师米歇尔·维洛热、建筑师诺曼·福斯特爵士设计，比利时格雷奇设计事务所提出了该桥的工程概念和渐进式施工方案，包括桥的整体结构、桥塔、吊杆和拉索等等。这座桥在河谷中只有七个桥墩，是截至 2013 年世界上第二高的桥梁。

拉斐尔乌达内塔将军桥（委内瑞拉）

　　该桥由工程师里卡尔多·莫兰迪设计，连接马拉开波市和其东北部。这座令人印象深刻的艺术之作建于 1959—1962 年，总长为 8.7 千米，桥宽约 20 米。该桥有 135 个桥跨，跨度为 37 ~ 235 米不等。最奇特的部分是五个跨度为 235 米的中跨：在这五个桥

跨中，桥面由一系列拉索支撑，这些拉索将桥面荷载传至桥墩。V 形和 A 形桥墩相结合增加了支承数，从而减小了桥跨数量。

诺曼底大桥（法国滨海塞纳省）

　　这座斜拉桥建于 1988—1995 年，总长 2140 米。该桥中跨的跨度为 856 米，通过双层拉索和两座 200 多米高的钢筋混凝土桥塔支撑，是当时世界跨度最长的斜拉桥。为了减轻重量，桥中间部分采用了钢制桥面（长 624 米），其

他部位则使用混凝土桥面。这座桥是法国公路与高速公路运输工程部和工程师米歇尔·维洛热主持设计的。

成了柱子将会怎样！

　　米约高架桥只在轴线上用了一层拉索，而其他采用相同原理的大桥有时会用两层拉索，例如诺曼底大桥。

　　我很高兴逐渐了解这些建筑杰作的结构！拉索是斜的，而柱子是垂直的，我们是不是也能使用斜的柱子？

　　当然可以。有一个很棒的例子是拉斐尔乌达内塔将军桥，它融合了悬索与斜柱结构，并且比米约高架桥和诺曼底大桥都更古老。该桥可追溯到 1962 年，那时候电脑技术还不太发达，造桥的所有数据都要人工计算。没有电脑的帮助，人们无法计算庞大的拉索数量，这就是这座桥拉索数量少的原因。让我们仔细观察这座桥并分析它的原理。它的每座桥墩都是由一个 V 形结构和一个 A 形的吊杆组成的【图 5-12】。

　　A 形的吊杆让我联想到一个叉开双腿站立的人，它可以分散桥面的重量。

图 5-12

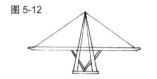

图 5-13

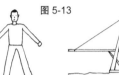

正是如此。另外，A 形的吊杆可以抵消拉索的水平力，这在很大程度上增强了桥的纵向稳定性。吊杆左右两边的水平力无须相等，可根据各段桥跨的荷载而定。

这叫我想到了我们的平衡练习。那 V 形的结构又有什么作用呢？

它使桥增加了两个支撑桥面的辅助支承。这样桥面就有了六个支承：四个来自 V 形结构，另外两个来自拉索。如果更进一步探讨，我们将会发现这些桥跨的工作原理像悬臂桥（例如福斯桥）：每个桥跨的中间部位都被拉索撑起的桥面两端所支撑【图 5-13】。这种方法大大简化了施工难度。当主体完工后，中心部位用驳船运送过来，再用缆索吊起，固定到正确的位置上。

越来越有意思了。

让我们进一步观察桥面：这是一个箱型梁，上方的桥板两侧是悬空的【图 5-14】。

这让我想起了不列颠桥的管状结构。

没错。但在这个例子中，车辆从箱型梁的上方通过，不列颠桥是火车在箱体中运行。

我们可以将斜柱用在楼房上吗？

可以。但这与抗侧力斜撑有关，属于另外一回事了。

无论如何都要小心头部【图 5-15】！

在建筑物中，如果我们要限制地面立柱的尺寸和数量，会采用树状立柱。将地面

图 5-14

立柱一分为二不会对屋顶有任何影响，对屋顶的支承仍然是相同的【图 5-16】。建筑师诺曼·福斯特爵士在设计斯坦斯特德机场时就采用了这种方法。这可以让我们进一步研究力的传递路径。为了更清楚地理解这个问题，让我们看一个简化的结构。想象一根垂直的柱子，其顶端安装了两根斜柱，这些构件彼此连接，然后在两个斜柱顶端再加上一个受拉构件。为了避免两根斜柱在荷载的作用下坍塌，这个受拉构件是必不可少的【图 5-17】。

的确，如果没有受拉构件拉住两根斜柱，就无法保持稳定，使结构成为一个整体……

斯坦斯特德机场的例子要更复杂一些：四根柱子为一组，没有一根独立的立柱，屋顶则直接承担了受拉构件作用

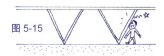

图 5-15

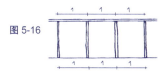

图 5-16

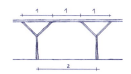

图 5-17

【图 5-18】，但原理是相同的。

　　这些不同的例子让我更好地理解了力的传递。力可以向上、向下或沿着对角传递，让人印象深刻又精彩！但我还有一个问题，自行车的辐条也很细，但为什么不会发生挫曲呢？

　　这个问题问得好！事实上，荷载并不是通过花鼓（轴承）上的辐条直接传递到地面的，那样会使辐条受压挫曲，它实际上是通过辐条传给车圈再传至地面的。采用这种车圈与辐条相连的形式，我们可以通过调整辐条的长度让辐条拉住车

图 5-18

斯坦斯特德机场（英国伦敦）

　　该机场距离伦敦市中心约 65 千米，只有一个边长约 200 米的正方形航站楼。这座建筑物的屋顶高 20 米，由 36 个截角的倒角锥体支撑。屋顶每隔 18 米就有一个支撑点，分成两排，每 36 米有一

个与地面连接的支撑点。每一个支撑屋顶的截角的倒角锥体均由四根相连的管构成，通过顶部的受拉构件保持平衡。这座独具创意的建筑建于 1991 年，由诺曼·福斯特联合建筑事务所和奥雅纳工程顾问公司设计建造。

圈，防止其变形，并使辐条内部产生很大的拉力（预应力）以抵抗外加的压力，从而增强车轮的整体强度。

　　不错……凳子、桌子、自行车……所有这些都可以帮助我们探索结构的世界。还有什么可以帮助我们呢？

　　想知道答案，只要翻到下一页……

第 06 章 拱、拱顶和穹顶的世界

本章将以梯凳为例讨论拱的应用问题。

我们将穿越时空回到古代。

图 6-1

图 6-2
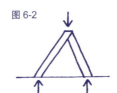

图 6-3
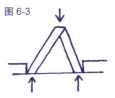

图 6-4

有意思！让我们仔细观察这个梯凳，看看它能带给我们什么……

这个梯凳和我们之前讨论过的桌子和凳子有什么不一样呢？

它是可以折叠的……

对于结构来说，这不是最重要的区别……

将梯凳的两侧用一根绳索连接起来，这样梯凳就不会张得太开【图 6-1】！

很好！梯凳承受的荷载沿着倾斜的部分向下（荷载对两部分施加了压力【图 6-2】。地面只能承受垂直力，而水平方向的力——也称为推力，必须用其他方式抵消，例如可以

利用地面上的支承物【图 6-3】或一个受拉构架【图 6-4】。

我还是不太理解……

将一架梯子靠墙架起来【图 6-5】，当我爬上梯子时，梯子被施加了一个垂直的力，也就是我的体重，这个力会被地面抵消。但因为梯子不是垂直的而是斜靠在墙上的，所以它还受到另外两个水平力的作用：一个位于梯子顶端和墙面接触的部位，另一个在梯子底端和地面接触的地方。第一个力 *a* 不会给我们带来任何麻烦；但第二个力 *b* 却相反，必须当心，否则……咔嚓！梯子底端必须在水平方向固定以抵消第二个力，而这一般是利用

梯子底端与地面的摩擦力。

因此梯子实际上受到几个力的作用：使用者的重量、垂直地面的反作用力，以及在梯子顶部和底部水平方向的反作用力。为了使梯子不会倾倒，梯子必须在所有力的作用下保持平衡。如果某个反作用力消失，咔嚓，就像我们在平衡那一章所说的那样……

梯凳的问题我理解了，然后呢？

哎呀，我们好像有点离题了，我们说到……

但梯凳不是一个小小的拱吗？

确实，这是一个有两块拱石的拱。

图 6-5

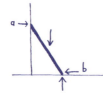

图 6-6

拱石？

拱石就是切割好用来砌拱的石块。

OK。如果我在中间再加一块拱石呢【图 6-6】？

很好，中间的拱石正是拱的关键所在！如果我们不断延伸，增加拱石（也称砌砖）的数量，就可以得到一个真正的拱【图 6-7】。力的传递路径原则上和前面讲的一样。拱承受的垂直作用力产生了垂直反作用力及拱脚的水平力。如拱脚的水平力不能被抵消，拱就会"崩塌"。就像我们之前看到的那样。我们可以通过两种方法抵消拱脚的水平力：

● 从外部支撑拱脚【图 6-8】；

● 在内部放置平衡"水平推力"的受拉构件【图 6-9】。

也就是说必须固定拱的两个支承，避免拱脚偏移。所以会加上前面提过的铰支承【图 6-10】。

这让我想起了梁的问题，还有曾遇到的一个问题：温度的变化……【图 6-11】

实际上，随着温度的升高，拱会因内部应力的作用发生膨胀，但由于拱脚被固定，它会向上拱起。

如果像梁一样，将一个铰支承换成一个滚动支承呢【图 6-12】？咔嚓！显然，必须将拱的两脚在水平方向固定，否则推力无法被抵消，拱就不再是拱了【图 6-13】！那该怎么

图 6-7

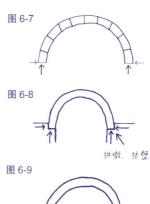

图 6-8

拱墩、扶壁

图 6-9

受拉构件

图 6-10

图 6-11

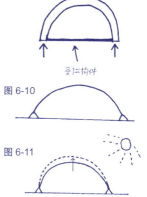

图 6-12

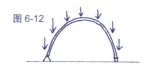

图 6-13

咔嚓！

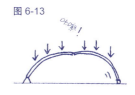

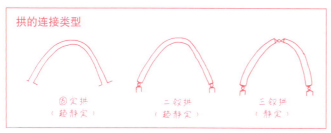

拱的连接类型

固定拱
（超静定）

二铰拱
（超静定）

三铰拱
（静定）

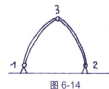

图 6-14

 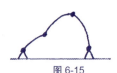 

图 6-15

办呢？

为了"解放"拱，让它能自由伸缩，除了两个拱脚之外必须要加一个铰支承。为了保持整体对称，第三个铰支承可以安装在顶部【图 6-14】。这样，我们就得到一个带有三个铰支承的三铰拱。

但是如果阳光照射使拱的温度升高它还会变形呀！

是的，但是拱上不会出现多余的力，它将可以自由伸缩。而且我们后面会看到，三铰拱要比其他类型的拱更容易安装。和梁一样，拱也有静定和超静定的。

那如果在拱上增加第四个铰支承呢？

不会有作用！结构的机制会使得它崩塌至地面才得以平衡【图 6-15】！

我懂了，但人们是怎么想到修建拱的呢？

因为这是最简单、最容易实现，又最具承载力的解决方法。最早能承受荷载的桥就是利用石拱或石拱顶的原理实现的。在使用梁的时候，人们会被树干的长度和其过大的挠性（作用力失去后不能恢复原状的性质）所限制。后面我们会谈及这个问题。一旦人类明白了拱的原理，如何将拱石组合起来也就不在话下了。拱石依照拱的工作原理相互挤压，在重力作用下彼此支撑。只要把它们一个接一个地砌好，其余的事拱会自动完成！

说起来容易做起来难！在拱还没有完成之前，得先把所有拱石固定好才行【图 6-16】！

为了解决这个问题，我们要使用拱架，也就是搭建拱的过程中的临时支撑。拱建好之后，只需用水泥砂浆将接缝固定就可以拆除拱架了。在砖石结构的工程中，均采用木质的拱架【图 6-17】。

我们已经知道如何搭建拱了，现在还是回到拱脚支撑问题上来吧。

有两种可行的支撑方法：外部支撑和内部支撑。对于外部支撑，我们可以使用拱墩或直接在地面支撑的扶壁。

"拱墩"就如同桥墩，在前面讨论桥的时候就提到了，但是"扶壁"又是什么？这个

图 6-16

图 6-17

词让我想起了什么……哦，对了，教堂的扶壁。

没错，但严格来说应该称教堂拱扶壁【图6-18】。从稳定性来看，扶壁工作原理如同重力坝；扶壁的重力抵消了拱的水平推力。但是就像确保

图 6-18

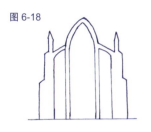

图 6-19

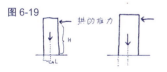

塔的稳定性那样，我们必须先要确保高耸的扶壁不会因自身的重量而坍塌【图6-19】。因为拱的推力会产生一个力矩，使扶壁有倾覆的趋势。

这个拱的推力产生的"倾倒力矩"的力臂为H，扶壁的重量产生的"稳定力矩"的力臂为L。为了保证稳定性，必须使稳定力矩能大于倾倒力

矩。扶壁越沉重或越宽（增加稳定力矩的力臂），稳定力矩就越大，越能更大限度地确保稳定性。

OK，我懂了。我们可以看看真的教堂吗？例如世界上最高的教堂！

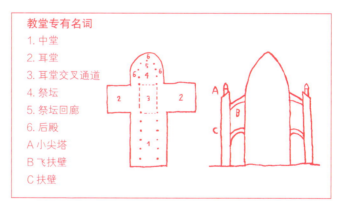

教堂专有名词
1. 中堂
2. 耳堂
3. 耳堂交叉通道
4. 祭坛
5. 祭坛回廊
6. 后殿
A 小尖塔
B 飞扶壁
C 扶壁

博韦主教座堂里祭坛的拱就是最高的，建好之后从未崩塌。

教堂的"祭坛"……我知道教堂里还有"中堂"，但了解的并不多。

你可以先看一下教堂的内部构造图，熟悉一下关于教堂的专有名词，这些名词我们下面会经常提到。但不是所有

的哥特式教堂都有扶壁……

那我们如何才能让拱脚不会偏移呢？

我们可以采用第二个方法——内部支撑。通过在拱脚放置一个受拉构件来平衡拱脚的水平推力。例如比博韦主教

座堂稍低的一座位于布鲁塞尔的美丽教堂——萨布隆圣母教堂【图6-20】。

我们只说了拱，但教堂还有拱顶、穹顶……

"穹顶"是个广义的概念，至于穹顶……我们还是要回到拱。拱是一个二维图形，它可以被画到一张纸上。

如果我们将一个拱向一

博韦主教座堂（法国瓦兹省）

这座整体仍未完成的教堂没有中堂。其中的祭坛于 1272 年完工，宽 16 米，祭坛拱顶石距地面 48.5 米，是哥特式建筑的"世界纪录"。拱的水平推力被巨大的扶壁抵消。

萨伯隆圣母教堂（比利时布鲁塞尔）

这座教堂建于 15—16 世纪，中堂顶端高达 19.5 米（至拱顶石），宽 9.5 米。拱的水平推力被受拉构件抵消。20 世纪初修复时加上了飞扶壁，为纯装饰之用，不具结构性功能。

个方向延伸，它就变成一个筒形的拱【图 6-21】。另一个可以将拱变成三维形体的方法就是让它围绕着自己的垂直中心轴旋转，这样就形成了一个穹顶，也叫圆顶【图 6-22】。

嗯，穹顶，还有筒形的拱，这种类型的拱的拱脚也存在水平推力吗？

对于筒形拱来说，的确存在水平力，但穹顶就有些复杂了。穹顶的横截面是圆形的，可以抵消部分水平力，但砌体穹顶和拱形穹顶例外。

不容易理解……

没错，不要搞混了……当我们说砌体穹顶和拱形穹顶时，答案是肯定的：我们必须想办法抵消拱脚的水平力。

我觉得，就像拱一样，我们也可以通过外部支撑或在

图 6-20

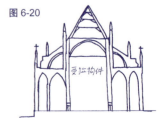

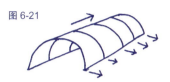

图 6-21

图 6-22

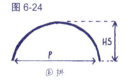

图 6-23

图 6-24

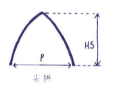

圆拱　　尖拱　　抛物线拱

内部安置受拉构件来支撑。

完全正确。例如罗马万神庙的球形穹顶，其水平力就被四周作为扶壁的墙壁的重量抵消了。

但是……博韦主教座堂的拱形和万神庙穹顶的形状是不同的。

的确是这样，有圆拱顶、抛物线拱顶，以及尖拱顶……

有没有一种最自然、最理想的形状呢？

这是一个非常重大的问题！如果粗略地来看，拱起的作用和梁很类似。因为拱所受的作用力和支撑点所受的反作用力之间存在间距产生了外力偶，这个外力偶会使拱顶石所受压力和受拉构件所受的拉力形成内力偶。这个内力偶的力偶臂就是受拉构件到拱顶石的距离，我们称之为"结构高度"（HS）【图 6-23】。在同等的荷载和跨度（P）下，结构高度越高，拱顶石所受的压力和受拉构件所受的拉力就越小【图 6-24】。

所以拱顶越高，拉力就越弱了？

就是这样。

OK，但哪一种才是我们要寻找的最理想形状呢？

事实上的确存在一种"自然的形状"，在荷载的作用下，这种拱只承受压力的影响。如果外部荷载是均匀分布的，那么这种"自然的"拱是一种抛物线形的。

嗯……不太明白，我需要更清楚的解释！

这里先介绍一下建筑大师安东尼奥·高迪。他设计了巴塞罗那的圣家族大教堂和米拉公寓，他的作品有七项被列为世界遗产。

真是个牛人！他具体做了什么？我最喜欢听故事了。

虽然我们无法亲临高迪做实验的现场，但是我们可以想象一下下面的故事：

高迪手中拿着一条链子，

把它看作是一个倒过来的拱【图 6-25】。接下来他意识到，在不同的受力情况下，链子可以呈现不同的形状【图 6-26】。于是他得出结论，在一个给定的荷载下得到的链的形状就是这个荷载所对应的链的自然形状。那么，他只要将这个形状倒过来便是与荷载分布对应的自然的拱形【图 6-27】。

图 6-25　　　　图 6-26

不错！

高迪不是第一个做这项实验的人，但他并未止步于此，而是把目光放得更远：他将这个实验的原理应用到了他的设计方案中。他用很多链子制成了一个颠倒的模型，代表他构想的拱形结构，然后将很多小砂袋挂到链子上，模拟拱承受的荷载，所有这些链子都在荷

圣家族大教堂（西班牙巴塞罗那）

这是被称为"建筑史上的但丁"的西班牙建筑大师安东尼奥·高迪（1852—1926）未完成的作品。这原本只是作为一个小教堂来建造的，但现在它不仅成为巴塞罗那的象征，还成为西班牙旅游人数最多的景点之一。这座教堂的平面结构比较经典，中堂包含一个中殿和两边的侧廊。耳堂两端、中堂的末端和耳堂交叉通道安装了许多尖塔（最高达 170 米）。工程从 1891 年开始施工，预计到 2026 年，即高迪逝世百年纪念日时才能完工！

图 6-27

载的作用下形成了"自然的形状"。然后，他将一面镜子放在这些链子下面，想象中的大教堂模样出现了！

真是天才！现在回到万神殿。如果我的理解没错，穹顶底脚的力是由作为扶壁的外墙的重量平衡的。

就是这样。

对于拱我们还可以用内部受拉构件来平衡，那穹顶也可以吗？

我们可以使用受拉构件将它们组合成自行车辐条的形式。这种情况就像我们之前讨论过的布鲁塞尔市政厅高塔，拱的受拉构件覆盖着塔的中部。但对底部是圆形的穹顶还有一种更巧妙的解决办法：拉力环。

拉力环？我好像在哪里见过。哦，对了，就是木桶上的桶箍【图 6-28】！

万神殿（意大利罗马）

　　万神殿是由哈德良皇帝在公元 125 年下令建造的，它是罗马帝国幸存至今且保存完好的最伟大建筑之一。这座纪念性的建筑的主体是一个圆柱形的大厅，上面覆盖着一个直径 43.3 米的半球形穹顶，顶部距地面也是 43.3 米，所以这座大殿能容纳一个直径 43.3 米的球体。穹顶顶部开了一个直径为 8.7 米的眼洞窗。这座建筑的构

件均以砌体建成，并使用了能承受压力的天然混凝土。穹顶的重量由柱子和大量的砌体支撑。罗马人非常理解拱和穹顶的工作原理，他们明白建造这类结构的必要条件，懂得如何抵消水平推力。对万神殿来说，周围的墙充当扶壁的角色。在 1436 年佛罗伦萨的圣母百花大教堂建成之前，万神殿的穹顶始终是欧洲之最。

图 6-28

图 6-29

图 6-30

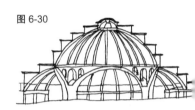

木桶是用来盛放液体的，桶壁受到里面液体的压力。木桶由木板和桶箍构成。液体对木板产生压力，木板靠桶箍保持稳定，桶箍则受到拉力。

我还是看不出它和穹顶有什么联系。但是……如果我仔细观察穹顶底部【图 6-29】……一个可以抵消穹顶底脚水平

推力的办法是在那里安放一个环形结构，也就是拉力环。

这个技术在 18 世纪中期即得到应用。当时梵蒂冈圣伯多禄大教堂的圆顶出现了明显的裂缝，人们就是用这种方法将其修复的：将四条铁链安装在双壳圆顶的底部。同样的原理也可用于钢筋混凝土的穹

顶：钢筋混凝土构件的底部环状构件充当着和铁链同样的角色，它们抵消了拉力。波兰宏伟的弗罗茨瓦夫百年厅就是这样一个例子【图 6-30】。

与其说百年厅是穹顶结构，不如说是很多拱的组合。难道就没有厚度相同的混凝土穹顶吗？

弗罗茨瓦夫百年厅（波兰弗罗茨瓦夫）

百年厅的历史可追溯到 1912 年。这是一个建筑史上钢筋混凝土建筑的典范，当时钢筋混凝土仍是一项相当新的技术。这座建筑由建筑师麦克斯·伯格和工程师威利·盖勒设计。其中央部分是一个直径 65 米的圆形结构，四周环绕着四个半圆并设有入口。中央部分被一个直径 67 米的穹顶覆盖，结构高度 15 米。这个穹顶由 32 个半拱构成，顶部由一个承受压力的环形构件支撑，底部用钢筋混凝土环形构件来承受拱脚所受的水平推力。

图 6-31

有，但是不要忘记，穹顶和柱子一样会受到压力，也会因荷载过重发生挠曲。注意：当工程师提到柱的变形时会使用"挫曲"这个词，而当提到薄壳和穹顶的变形时则使用"挠曲"这个词。这是因为柱子属于线状构件而薄壳和穹顶是面状构件，我们更应该考虑穹顶发生挠曲的情况。

好，但要怎么做呢？

让我们回想一下挫曲……

我们可以增加穹顶的厚度，但这同时也会增加它的重量，这就好像在"追着自己的尾巴原地打转"，徒劳无功！我记得提到柱子的时候，说到均匀分布材料的重要性：可以把柱子挖空，空心的管比实心的杆更能抵抗挫曲。

就是这样。为了防止薄壳和混凝土拱顶挠曲，我们可以把它做成波浪形，也可以给它加上肋条，还可以做成双层薄壳【图 6-31】。

如果能有具体例子就更好了。

让我们来看三个钢筋混凝土结构的设计杰作。首先是奥利机场飞艇库，这是波浪形的范例。肋条结构的范例是罗马小体育宫。最后是宏伟的巴黎拉德芳斯区的法国国家工业技术中心，是双壳结构的范例。

我已经大体了解了这些伟大建筑的结构原理，但实行起来一定是极其困难的吧。

的确是这样，特别是这

圣伯多禄大教堂（梵蒂冈）

这座宗教建筑俗称圣彼得大教堂，占地 23 000 平方米，是全世界最大的教堂，也是天主教最神圣的地方之一，可容纳 6 万多人。它建于 1506—1626 年，主要建筑师是布拉曼特、米开朗琪罗和贝尼尼。这座巴洛克风格的教堂最杰出之处无

疑是米开朗琪罗设计的穹顶。这个穹顶顶部到地面高度为 137 米，下面是一个直径 41.47 米的圆形基座。

奥利机场飞艇库（法国巴黎）

这两座飞艇库建于1921—1923 年，用于停放飞艇，它们是工程师尤金·弗莱西奈设计的。弗莱西奈是使用钢筋混凝土和预应力混凝土的代表人物之一。这两座飞艇库不幸在 1944 年被摧毁，它们是折板结构最具代表性的范例之一，也是钢筋混凝土材料的重要建筑。它们的屋顶由混凝土折板做成的抛物线拱顶组成，跨度为 86 米，共有 40 个 7.5 米宽的 V 形波浪，高度从底部的 5.4 米至顶部的 3 米不等。

小体育宫（意大利罗马）

小体育宫于 1960 年为奥运会建造，由工程师皮埃尔·奈尔维和安尼巴勒·维泰洛奇设计。主体是一个直径为 60 米的穹顶，由 36 根 Y 形斜柱环状支撑。穹顶表面的脉状纹理是用预制混凝土制作

的。像万神殿一样，穹顶顶部开有一个照明用的窗户。穹顶的水平推力被斜柱抵消，柱脚用一个直径 81.5 米的预应力混凝土环状受拉构件固定。

法国国家工业技术中心（法国巴黎）

这是一座坐落于巴黎拉德芳芳区的大型展馆，建于 1958 年，由天才的工程师尼古拉斯·艾斯基南设计，平面是边长约 200 米的等边三角形。展览馆由钢筋混凝土穹顶覆盖，三角形的三个顶点为支承，中间没有任何其他支撑点。为增加刚度，穹顶由双层变曲钢筋混凝土壳组成，厚 12 厘米，间距 1.8 米。拱脚的水平推力被外立面的受拉构件抵消。这座展览馆占地面积积大：支承间的跨度达 206 米（建筑物的世界纪录），顶端高度 48 米。

图 6-32

些建筑在竣工之前必须做整体支撑,而这些支撑构件(拱架)必须能够被一次性拆除。这个"释放"拱的过程叫拆除拱架。

为什么要一次性拆除拱架呢?

若想让拱真正成为拱,就必须对它进行完整的支撑【图 6-32】。以一个刚刚建成的,将拱架拆除一半的拱为例【图 6-33】。在拱完成后,支撑构件对拱再也起不到作用,拱自身重量产生的压力确保了拱的稳定性。如果拱的一边(此处是左边)仍被支撑,它的重量还无法确保其稳定,而右半边已经释放,在还没有准备好的情况下,它将会崩塌!

图 6-33

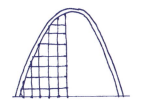

这就清楚了。但要想一下子把拱架全部拆除,也只有魔法师能做到了!

其实并不难,只要使用"砂箱"就可以了。可以在支撑拱或拱顶的拱架与地面接触的所有地方都放上装满干砂的箱子,并覆盖上活动的木板,箱子底部开孔并塞上一个软木塞,拔出木塞,箱子里的干砂就会慢慢流出【图 6-34】。因此,只要同时拔出所有的软木塞,这些箱子就会同时清空,活动木板会一点点下降,所有拱架支撑便会自动移除了。

同时?说起来容易,做起来很难吧?

不会。只要在每个箱子旁边安排一个人,哨子一响,大家一起拔出箱子上的木塞就可以了。

太棒了!

现在,液压千斤顶缸已经取代了砂箱,但其原理是一样的,只不过是把干砂换成了液体(水或油)。每个千斤顶都与液压缸连接,只需装一个阀门来控制就够了。

虽然千斤顶没有砂箱那般有诗意,但更有效率!

还有另一个方法是采用三铰拱架。这个方法在混凝土拱上得以应用,但不适用于石材建筑。

然后呢?我们应该怎样用这个三铰拱架?

当拱完工后,在三铰拱架顶端放一个千斤顶,将三铰

图 6-34

拱架拆成两部分。通过这种方法，两个半拱可以轻松移除，拱就脱离了原先的支撑，独立存在了【图 6-35】。通过拆开拱架的顶端，我们"创造"了拱，让它独立运行。拱架一旦拆除就不再需要了，此时开始受力的拱石也可以嵌入到位。海瑟尔五号宫巨大的拱形屋顶就采用了这个施工方法。在混凝土建筑中，拱架可以是木质的也可以是金属的。

我想建造混凝土拱应该比建造石拱难度更大，因为混凝土在施工时是液态的！

是的，混凝土建筑在施

图 6-35

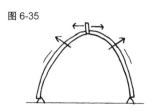

工中要使用模板（浇筑混凝土用到的模具），并要用支柱来支撑模板。就像我们之前看到的那样，我们可以使用预制混凝土，奈尔维修建罗马小体育宫的时候就是这样做的。

我们讨论了很多建筑中的拱顶，现在看一下桥的拱吧，我相信这些拱也是各式各样的。

实际上，拱桥所用建筑材料及桥面与拱的位置都会有所不同。罗马人使用石砌结构建造拱桥，如今，人们使用混凝土或钢材来造桥。欧洲最具代表性的混凝土桥是普卢加斯泰勒桥，最古老的钢制拱桥是柯尔布鲁克代尔铁桥。

真了不起！我还见过拱在桥面上面的桥。

海瑟尔五号宫（比利时布鲁塞尔）

　　海瑟尔五号宫是布鲁塞尔世博会的中心建筑，建于 1935 年，是工程师路易·拜斯和建筑师约瑟夫·范奈克合作设计的。它的立面有庄严的建筑装饰，整体结构由 12 个混凝土抛物线拱组成。这些三铰拱跨度 86 米，顶部高 31 米，间距为 12 米。它们支撑着阶梯形屋顶，屋顶覆盖着面积 15 000 平方米的大厅。拱的推力被斜桩系统抵消。

普卢加斯泰勒桥（法国菲尼斯泰尔省）

也称阿尔贝·卢佩桥，位于布雷斯特近郊，建于 1930 年，是一座公路铁路两用桥。该桥由工程师尤金·弗莱西奈设计，横跨埃隆湾。由于使用了大胆的技术和施工方法，使该桥令人印象深刻。这座桥有三个桥跨，跨度达 188 米，当时没有任何一座钢筋混凝土拱桥可以达到这个长度。施工中采用的创新技术包括建造混凝土拱时使用的巨大的拱架（有史以来最大的木结构拱架之一），以及把它们架起来的方法（将拱架两端托在驳船上运送到位）。最终形成了一个由三座钢筋混凝土拱组成的结构。这些拱是中空的，为矩形截面，宽 9.5 米，高度各异（底部高 9 米，顶部高 4.3 米）。箱型桁架梁放置在这些拱上，以高度不同的钢筋混凝土桥墩支撑。这样形成了双层桥面：下层为铁路，上层为公路。这座桥是最成功的钢筋混凝土结构之一。

柯尔布鲁克代尔铁桥（英国什罗普郡）

这座铁桥建于 1779 年，是有史以来第一座金属桥。它使用铸铁作为结构材料并非偶然：这座桥位于英国钢铁工业的摇篮塞文河河谷工业区。该桥让柯尔布鲁克代尔小村庄的居民们可以以其他方式渡河（以前要渡河只能搭乘一种操作复杂的小船）。该桥由工程师普里查德和铁匠达比三世合作建造，后者完成了结构的铸铁构件。在建造时，这座桥堪称当时最新颖的铁桥，施工方法直接源自木结构。这座桥的结构是由五座跨度 30 米的三铰拱组成的。

图 6-36

图 6-37

是的，这种桥叫系杆拱桥，它的设计非常巧妙。桥面悬吊在拱的下方，作为受拉构件，平衡拱脚的水平推力。借助这个"内部"受拉构件，这座拱就不需要拱墩了。系杆拱桥仅须在支撑点承担垂直方向的反作用力，拱脚的水平推力靠拱脚的受拉构件来抵消【图

6-36】。

这就叫借力使力吧：拱悬吊着桥面，桥面则承担受拉构件的角色。但我还有一个问题：这个受压的拱，会不会有挫曲的危险？

这是个非常好的问题。当然，风险是存在的，而且必须特别注意。有很多方法可以解

决这个问题。其中一个方法是用一定数量的杆将系杆拱桥的两个圆拱连起来。阿尔西湾跨海大桥的中跨就是个很好的例子。让我们靠近一点儿仔细观察这座桥，帮助我们复习一些概念。

太棒了，我们进行一个小小的复习！

对靠近河岸的桥跨，支

阿尔西湾跨海大桥（美国俄勒冈州）

这座桥是在罗斯福总统新政背景下建造的（新政旨在恢复 1929 年大萧条之后的美国经济），由工程师科德·麦卡洛设计。这是一座 900 米长的钢筋混凝土桥，其新颖处在于既在桥面下使用了拱结构（边跨），又在桥面之上使用了拱结构（中跨）。中间的弓形桥跨给海湾航行提供了足够的桥下净空。中跨最长，跨度为 64 米。由于恶劣的海洋环境，桥体受到严重侵蚀，部分构件受损。该桥在 1991 年被拆除后重建。

撑桥面的拱发挥了柱的功能，为了避免挫曲，它们的截面积非常大。这些拱的拱顶被水平的桥面维持住，没有挫曲的风险。对三个中间的弓形桥跨，桥面悬吊于圆拱之下承受着拉力，也不存在挫曲的风险，而拱的截面积非常小。相反，中跨的拱因为没有水平支撑力，可能发生挫曲，需要一些横系杆将它们连接起来。

我想我应该理解了：当我刚踏上这座桥时，我走在结构之上；而当我走到弓形桥跨时，身在结构之中：头上有受压的拱顶，脚下有受拉的桥面【图 6-37】。

正是如此！

我觉得中间的三个弓形桥跨太复杂了，有没有更简洁的方法可以避免这些拱挫曲？

有，就像工程师格勒斯

图 6-38

克设计的埃马勒苏阿让托桥那样，让两个拱向内倾斜，将拱顶连接起来，这样就可以避免水平移动，大大降低挫曲的风险【图 6-38】。

太棒了！真是简单有效！

最后出场的是位于法国奥尔良的非常漂亮的系杆拱桥——欧罗巴桥。

太棒了！我们聊了楼房和桥，那还有没有其他结构使用了拱呢？

有，特别是一些水坝。我们前面说过"重力坝"，它们通过水坝自身的重量来确保稳定性；"拱坝"则通过一个拱形阻挡水的巨大推力，并以山腰为支撑点【图 6-39】。莫瓦桑坝是一个很好的范例。但如果山谷间的侧翼不够稳固，

埃马勒苏阿让托桥（比利时列日省）

这座跨度 138 米的金属系杆拱桥建于 1985 年，由格雷奇设计事务所设计。它由两座高约 22 米的金属箱型拱组成，通过悬吊承载桥面。桥面作为受拉构架抵消了拱的水平推力。拱的斜度及它们在顶端的连接，降低了挫曲的风险并改善了风力作用下的稳定性。

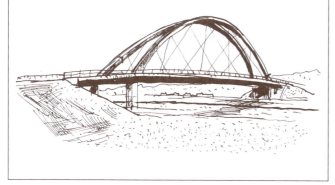

欧罗巴桥（法国奥尔良）

　　欧罗巴桥建于 1998—2000 年，用以疏通城市西区的交通。其金属桥面通过悬吊系统支撑，一座金属斜拱由两个立于卢瓦河坚实河床上的钢筋混凝土三角支柱支撑。桥面宽 25 米，全长 378 米，中跨长 202 米，两个边跨各长 88 米，由建筑师圣地亚哥·卡拉特拉瓦（布鲁塞尔列日吉耶曼车站设计者）和格雷奇设计事务所设计。

莫瓦桑坝（瑞士瓦莱州）

　　水坝位于巴涅山谷谷底（与大迪克桑斯水坝地形相似），1958 年建成，高 237 米，1991 年又加高到目前的 255 米。坝顶长达 520 米，拱冠底部厚 53 米，顶部厚 12 米。工程师艾尔弗雷德·斯塔基协同设计。

马尔巴塞坝（法国瓦尔省）

　　马尔巴塞坝是一座双曲薄拱坝，于 1954 年启用，由法国柯因—贝利叶公司设计。1959 年 12 月 2 日 21 点 13 分，马尔巴塞坝突然溃决。40 米高的巨浪涌入山谷，20 分钟后到达弗雷瑞斯镇，最后流入大海。水坝失事造成了 400 余人死亡和失踪。

图 6-39

图 6-40

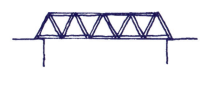

就会发生像马尔巴塞坝溃决那样的一场大灾难。

真叫人吃惊！拱、拱顶、穹顶，还有……这是多么庞大而历史悠久的"家族"！我们穿越了古罗马，经过大教堂再回到现代。有石材、铸铁、钢和混凝土，还有楼房、桥和水坝……一切都那么有趣……但有件事从我们开始谈到梯凳时我就很疑惑：虽然还没有遇到，但我觉得跟拱比起来，梯凳更像我见过的一种桥！

事实上，梯凳不仅和拱有相同的起源，也和桁架有关，很多桥都使用了桁架而不是拱【图 6-40】。这将是我们接下来要探索的目标！

第 07 章 桁架，彼此相连

本章将讨论从梯凳延伸出来的新问题。
我们将游走比利时和法国，途中暂访中国云南。

图 7-1

要是我的理解没有错的话，拱、桁架和梯凳的起源是一样的？

我的意思是说，拱和桁架的起源都是用两块拱石搭成的基本拱，而这也是梯凳的起源！我们已经研究了拱和穹顶的大家族，现在我们把目光转向另一个大家族——桁架。我们还是从基本拱说起，它由两根小杆（小型梁）组成【图 7-1】。就像之前看到的那样，

只要支承之间的距离不超过梁的长度，每根小型梁都可以"架起"一个空间【图 7-2】。如果搭建的距离超过梁的长度【图 7-3】，我们可以将两根梁相连后再架起来【图 7-4】。但这样连接并非易事，我们首先面临的就是变形的问题【图 7-5】。我们已经知道，结构必须完全保持平衡，每个构件都必须有足够的承载力。此外，结构还必须不易变形，否则这样的结构将无法使用甚至变得不稳定。与其将两个小型梁连在一起，不如试试基本拱……

结构必须满足
● 完全保持平衡
● 有足够的承载力
● 有足够的刚度

还是从梯凳开始？

是的。为了避免拱的两端偏移，我们只要在拱的顶端装一个螺栓【图 7-6】，或者在拱脚的外侧放两个挡块【图 7-7】，也可以将两个拱脚用受拉构件连起来【图 7-8】。看，这里有了两种桥的"模型"【图 7-9】……下面来看第一个例子：劳泽勒人行桥。等我们充分理解以后再看其他例子。

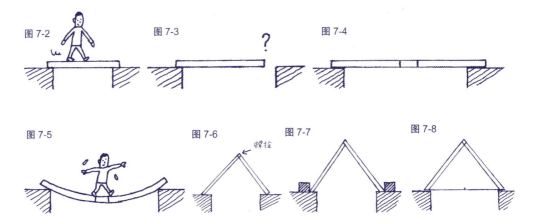

图 7-2

图 7-3

图 7-4

图 7-5

图 7-6
螺栓

图 7-7

图 7-8

劳泽勒人行桥（比利时新鲁汶市）

　　劳泽勒人行桥于 1980 年建造，由工程师米
歇尔·普罗沃斯特设计。桥身由两个相连并独立
的桥跨组成，跨度各长 15 米。两个桥跨各有一
个基本拱。和系杆拱桥一样，以桥面为受拉构件
固定拱脚，桥面被金属构架悬吊。拱的结构与基本拱稍有差异：首先是使用了几根吊索，其次是作为
受拉构件的桥面位置高于基本拱的拱脚。

　　用受拉构件连接的基本拱搭建比用单一梁搭建的空间更大。但如果需要搭建的距离更远怎么办【图 7-10】？我可以使用两个连续的基本拱……但它们立不住呀【图 7-11】！遇到这种情况该怎么办？

　　这时我们只需放置一根横杆，让图中的两个 S 点不能彼此靠近就可以解决这个问题了【图 7-12】。重复这个步骤，我们就能得到一座用桁架搭建的桥【图 7-13】。

　　我还看过其他样子的桁架，它们使用了垂直杆。

　　没错！桁架有很多不同的类型。我们先从斜杆开始，再研究不同的桁架。

　　我们试试不同的排列组合……如果无法从底部抵消作用力，我们可以试试从高处想

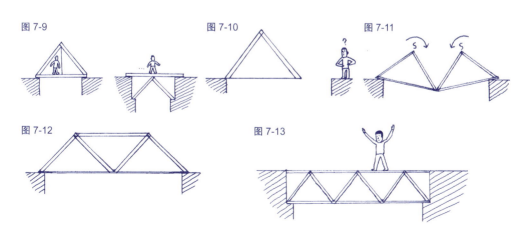

图 7-9

图 7-10

图 7-11

图 7-12

图 7-13

图 7-14

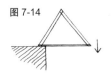

图 7-15

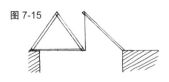

办法，例如采用悬吊的方法。不行，很不舒服，而且也不实用【图 7-14】！再试试其他更好的办法……

不错，但这样做不稳定【图 7-15】……这样好多了【图 7-16】……但是【图 7-17】……

我们成功了【图 7-18】！

我们可以在同一侧重复进行这种组合，或者在两侧对称地进行。看，我们得到了另一种桁架【图 7-19】！

这更像我曾经见过的桁架……但它是正方形。

事实上，我们也可以把一个桁架看成是很多正方形的紧密组合【图 7-20】。但必须保证每个正方形都不会变形。

这是什么意思呢？

让我们用一些小木条来组成这些正方形，并施加荷载，它不是很结实！【图 7-21】

我们已经说过，必须让这些正方形不会变形……

我们可以加上一些受拉构件使其不变形，但一定要放对位置【图 7-22】。

事实上，如果我将受拉构件放置到另一个对角线位置它就不起作用了……正方形变形了【图 7-23】！

在这个对角线上用杆来替代受拉构件可以承受压力【图 7-24】。但出于经济上的考虑，我们通常优先采用受拉构件。因为它们的截面可以很小，不存在挫曲的风险。因此，还是应该使用缆索，并将它们放在正确的位置：当桁架受力时让它们始终承受拉力。

让我们回到小型梁的问题上，并把它延展……看，这就

图 7-20

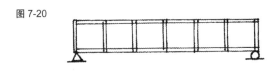

图 7-21

图 7-22

图 7-23

图 7-24

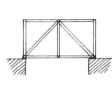

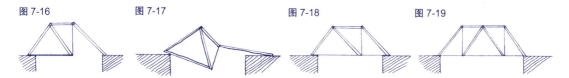

图 7-16　　　　图 7-17　　　　　　　　图 7-18　　　　　图 7-19

是我所想的桁架【图 7-25】！我觉得我已经理解这些概念了，但在现实生活中……

布鲁塞尔的沃吕韦 - 圣彼得体育中心的屋顶就是桁架的好例子。如果我们将多个这种结构组合起来，就得到了一种"锯齿形屋顶"。这种屋顶通常用于建造大型厂房。我们都见过这种屋顶，但它还没有正式的名称。屋顶部分是由桁架一个一个往上叠，桁架杠之间的空间可以装上半透明材料，让阳光照射进来。建筑师们一般让这些板透明的面朝北，以避免因阳光直接照射让人看不

图 7-25

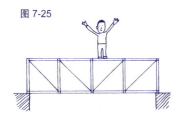

沃吕韦 - 圣彼得体育中心（比利时布鲁塞尔）

该体育中心于 1975 年建造，由建筑师勒内·阿特斯、保罗·拉蒙和工程师贾雅克·罗宾监督完工。它成功地运用两个大跨度的金属桁架支撑屋顶，覆盖了游泳池和多功能运动场两个区域，两个倾斜的屋顶均用一根与建筑物本身（宽度约为建筑物的 1/3）等长的金属桁架主梁支撑。上弦杆受到压力，下弦杆受到拉力，桁架则直接呈现了建筑物的玻璃立面。

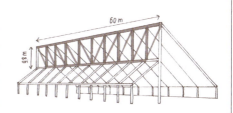

"旅游与出租车"展览中心仓库 A（比利时布鲁塞尔）

这个著名的工业建筑建于 1904 年，曾是海关行政部门的办公场所，由建筑师埃迈斯特·范胡贝克和工程师如莱斯·佐恩设计。桁架的跨度是 60 米，高 7 米。大厅的屋顶由 14 个锯齿形的跨组成。

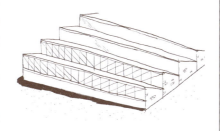

布伯勒高架桥（法国阿列省）

这座横跨布伯勒山谷的铁路高架桥建于 1868—1870 年，由工程师威廉·诺特林根和菲利克斯·莫罗斯共同设计。桥的中间有六个跨度 50 米的桥跨，由两条 4.5 米高的平行桁架组成。这两条桁架由高架桥两端的砌体桥台和五根铸铁桁架桥墩支撑，其高度 42 ～ 57 米不等。为了改善桥的横向稳定性，桥墩的横截面越接近地面越大。

五家寨铁路桥（中国云南）

这座铁路桥已列入全国重点文物保护单位名单，是滇越铁路（昆明至河内）的重要组成部分，建于 1903—1910 年，修建过程极为艰难。因其造型像"人"字，又名"人字桥"，又因别致如弓弩，也称"弓弩手桥"。设计师是法国工程师保罗·波登，由波登所在的法国巴底纽勒工程公司承建。桥的主体是一根 67 米长的金属桁架，有五个支撑点：基本拱的顶端，两根桁架的中间，以及桥两端的山谷两侧。这座桥基本拱的底部开口为 55 米。

清东西。布鲁塞尔的"旅游与出租车"展览中心仓库 A 就是这种结构的典型范例。

我想一定也有很多将桁架用于桥梁的例子吧？

没错。但是那些桁架通常比较复杂，焊杆几乎都成 X 或 Y 形，还有斜的和垂直的焊杆。所有这些焊杆都和桁架的弦杆相连。

弦杆？

弦杆就是桁架最上面和

图 7-26

加拉比特高架桥（法国康塔尔省）

这座铁路桥由被誉为"铁塔之父"的古斯塔夫·埃菲尔设计，1888 年启用，它是 19 世纪末最具代表性的金属结构建筑。桥面是一根长 450 米的金属桁架。就像布伯勒高架桥那样，桥的两端由砌体桥台支撑，中间有八个支承：其中的五个桥墩支撑在地面，两个在拱上，最后一个支承在拱顶。这座桥的桁架开口为 165 米。

最下面的杠，分别叫上弦杆和下弦杆。弦杆之间的那些斜杆和垂直杆叫腹杆。

我懂了，我们现在可以看实例了。

19 世纪末，桁架大量用于建造大型金属桥，法国阿列省的布伯勒高架桥就是一个例子。

我们还提到过用基本拱来架桥……

的确。中国云南的五家寨铁路桥就是一个奇特的例子。它由两个桁架架在一起组成一个基本拱。如果继续探讨其中的拉力杠和压力杆，我们就可以得到一个很有趣的结论，就像美国弗吉尼亚州的林奇堡附近的一座桥【图 7-26】。但是，我们目前还没有足够的知识去理解它，需要放到后面的章节再来研究。让我们先看桁架与拱结合的例子：法国康塔尔省的加拉比特高架桥以拱来支撑桁架，使得中间部分的桥墩高度得以降低【图 7-27】。再让我们回到以不变正方形组合的桁架：通过它来思考如何让正方形不变形，这将为我们

图 7-27

图 7-28

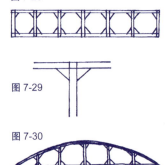

图 7-29

图 7-30

图 7-31

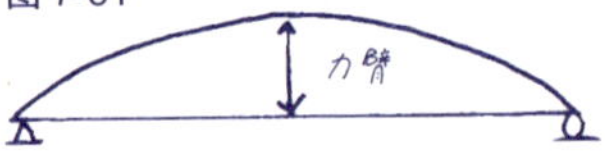

开辟一条新思路。

为了使桁架不变形，我们使用了在对角线放置支撑杆的方法。除此之外，还有其他办法吗？啊，对了！只需撑住四个角就行了，这样同样可以使杆的相对位置不发生移动【图7-28】。

是的！那些放置在角落的支撑物被称为"角撑"【图7-29】。这种常用于铁路桥的桁架被称为"维朗第桁架"（也叫空腹桁架），它是以在20

世纪初发展了这项技术的比利时工程师维朗第的名字命名的。这种桁架还被用于楼房，有时明显可见，有时隐藏起来。巴黎拉德芳斯新凯旋门的水平部分就采用了这一技术。现在还是让我们回到桥的话题上，看看布鲁塞尔拉肯桥的例子。

在这个例子中，桁架的高度不等，两边低中间高。这是为什么呢【图7-30】？

这是一个很好的问题！让我们再回想一下桁架的原理。先看一个等高的桁架。就像我们之前看到的那样，桁架作用力产生的外力矩与桁架上、下弦杆间的应力形成的内力偶相抵消。内力偶的力偶臂是上、下弦杆间的距离。

OK，但是这还没有解释桁架高度不等的问题。

那是因为内力偶的大小也在改变。当荷载均匀分布时，桁架中间部分受力最大，越往两边越小，所以我们可以逐渐降低桁架的高度。具体来说，

图 7-32

图 7-33

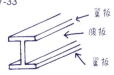

我们可以通过调整桁架的高度减少材料的消耗，同时还可以更好地抵抗桁架承载时产生的应力。改变桁架的高度就是为了使设计最优化【图7-31】。

明白了。如果我对桁架施加荷载，它的中间部分可能存在弯曲、断裂的危险。所以我需要提高它的强度，也就是增加它的高度。但其他部分该怎么办……

桁架的类型
- 普通桁架（又分很多种）
- 维朗第桁架（空腹桁架）
- 实腹梁（也称为工字梁）
- 棱柱桁架
- 管桁架或箱型桁架

拉肯桥（比利时布鲁塞尔）

这座铁路桥建于第二次世界大战期间，1944 年启用，横跨连接布鲁塞尔和安特卫普港的运河。这座金属建筑杰作的主体是两根空腹桁架，跨度 54 米，高度不等（支承处高 2.5 米，中跨处高 7.75 米）。

新凯旋门（法国巴黎）

在法国前总统密特朗的力推之下，新凯旋门于 1989 年完工。这座前卫的胜利之门实际是一幢现代化的大楼，由建筑师约翰-奥都·冯斯波莱克尔森和工程师埃里克·赖策尔设计。这座框架结构的建筑外形似一个挖空的正方体，边长约 110 米，建筑材料主要是钢筋混凝土和预应力混凝土。两侧的墙体支撑着巨大的空腹桁架，它就是大楼的顶楼，内有展览厅及观光台。

没有关系。我们的目的不是叫你马上全部理解。而是要感受，再感受……到时候你就理解了。

在结束本章之前，我们先回到不变正方形问题上来。

我们已经知道有两种方法能维持它不变形：在对角线放置受拉构架或支撑杆、放置角撑。实际上还有第三种：在这些正方形上加一层膜……我们再看看棱柱桁架【图 7-32】。桁架

应力最大的部分是上弦杆和下弦杆，这也就是金属工字梁成工字形的原因。它的上下部分为翼板，翼板之间的部分称为腹板【图 7-33】。

我现在总结一下要点！三项结构性功能（搭建、支撑和斜撑）：

●搭建：我们探索了拱、拱顶、穹顶和桁架的世界；

●支撑：我们研究了柱和悬吊系统；

●斜撑：我们涉及的还不多。

好！让我们出发到下一站吧！

第 08 章　建筑物的抗侧力斜撑

本章从如何使正方形不变形延展到建筑抗侧力问题。
我们将游览布鲁塞尔和纽约，途经芝加哥。

要使建筑物可以抵御风力、地震力这类水平力（侧力）的破坏，就必须增加其刚度，使之不易变形。我们前面讨论了使正方形不变形的方法，现在就来具体应用！

我们该怎么做呢？

对常见的梁柱结构建筑，我们可以在相邻柱子的对角线位置进行斜撑【图 8-1】……当然，为了节省材料，我们也可以使用受拉构件、缆索等等，但必须成对。这样，如果风从左面吹来，对角线①会受到拉

力，反之则对角线②会受到拉力。这种类型的抗侧力斜撑称为圣安德鲁十字（即成 X 形的十字）。我们也可以用砌体墙或钢筋混凝土薄板墙（称为剪力墙、抗震墙）来代替柱子，它既可以对建筑物起到支撑的作用，也可以起到抗侧力斜撑的作用。

提到抗侧力斜撑，我们还讨论过让梁柱互相刚接形成框架结构。

没错！低层建筑的抗侧力斜撑有三种可行方案：圣安德鲁十字、框架和剪力墙。

明白了。那么高塔呢？我们之前看过加拿大国家电视塔的例子，它是嵌入地下的。

是的，我们可以用"塔"来做高层建筑中的主干，其作用如同人体内的脊椎，这个垂直的柱状体称为核心筒，里面通常设置楼梯、电梯、通风井、电缆井、公共卫生间……在欧洲，核心筒通常采用混凝土剪力墙打造；而在美国，则常用金属框架结构【图 8-2】。

混凝土墙板或金属框架的作用属于异曲同工吧？

是的，差别只在于一个是混凝土的实腹结构，另一种是金属框架的空腹结构。

可以举个例子吗？

这里有一个混凝土核心筒的例子，布鲁塞尔的米迪塔，它也是说明悬臂、悬吊和柱系统的好例子。现在我们顺带做一个小小的复习吧。

好的！

建筑物越高，受到的风载就越大，因此核心筒的尺寸

图 8-1

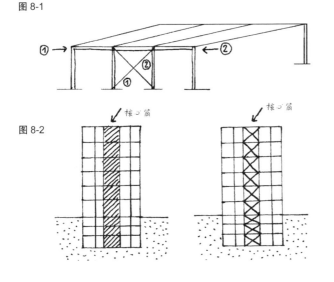

图 8-2

米迪塔（比利时布鲁塞尔）

这座塔楼于 1967 年竣工，共 38 层，高 150 米，可俯瞰整个布鲁塞尔，也是比利时最高的塔楼。塔楼的主体是一个正方形截面的垂直柱状核心筒，边长为 20 米。每层楼板均架在核心筒上。楼板同样是正方形，边长为 40 米。因此，每层楼板均在核心筒四周各有 10 米的悬空，且每两层楼板共同发挥结构性功能：下层有四根南北方向的梁，上层有四根东西方向的梁，这些梁均与核心筒连接。下方楼板的梁承受自身的荷载及上层楼板和柱子的荷载。同样，上层楼板的梁承受自身的荷载并连接下层楼板悬空部分承担其荷载。这座精巧的建筑是工程师亚伯拉罕·利普斯基设计的。这个结构还有八堵扶壁，这些扶壁将核心筒的荷载转移至地基。钢筋混凝土地基的截面是边长 60 米的正方形。

就必须越大。

但是，如果建筑物非常高，那么核心筒就得和建筑物一样高吗？

是的，但有时候设计师甚至会采用另一种方法：不单独设置核心筒，而是让建筑物本身成为核心筒，芝加哥的约翰·汉考克中心就是一个例子。但用于斜撑的框架也不必完全包裹整栋建筑物，这种方式可以减少材料的用量，就像纽约曼哈顿的时报大厦那样。

抗侧力斜撑的类型

（1）低层建筑：
- 对角线受拉构件
（圣安德鲁十字架）
- 梁柱刚接（框架结构）
- 砌体墙或钢筋混凝土薄板剪力墙

（2）高层建筑（高楼、高塔）：
- 核心筒
- 外立面斜撑
- 钢筋混凝土剪力墙或金属框架

约翰·汉考克中心（美国芝加哥）

　　约翰·汉考克中心于 1965 年开始建造，1969 年完工，高 344 米，地上 100 层，总楼面面积 26 万多平方米，是当时纽约之外全世界最高的摩天大楼，也是工字钢梁建筑的经典结构。由美国 SOM 建筑设计事务所监督建设，主设计者是建筑师布鲁斯·格雷厄姆和结构工程师法兹勒·卡汉。这座大厦的杰出之处在于包裹建筑物的 X 形外墙，它确保了对大厦的斜撑，是使用管状柱及融入对角线元素的经典范例。

纽约时报大厦（美国纽约）

　　时报大厦于 2007 年竣工，由建筑师伦佐·皮亚诺和工程师桑顿·托马赛蒂设计建造。这座 52 层的钢铁建筑加上十字形的基座，高度达 319 米，是纽约第三高的摩天大楼。它的抗侧力支撑系统由沿着大厦四角的侧边立面明显可见的金属框架组成。

总之，高层建筑的抗侧力斜撑可以采用三种可行的方式：核心筒、外立面斜撑，还有钢筋混凝土剪力墙或金属框架。

真的要开始建造了……我总结一下要点：我们了解了怎样进行抗侧力斜撑，怎样用柱或者悬吊系统支撑，还有如何利用桁架或拱系统来搭建。除此以外，还有其他的搭建方式吗？当然有！没错！吊床也是一种搭建方式【图 8-3】！让我们来仔细研究一下吧！

图 8-3

第09章 从吊床到金门大桥

本章涉及拱和悬链线及一些重大的建筑灾难。
我们将游览法国和葡萄牙，途经美国和瑞士。

图 9-1

图 9-2

让我看一下吊床，这是另一种搭建方式【图 9-1】。

我见过用绳索编的人行桥【图 9-2】，但它的原理是什么呢？

图 9-3

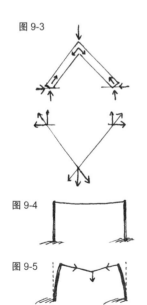

图 9-4

图 9-5

理解这个问题的一个简单的方法就是再回到我们前面讲的基本拱【图 9-3】。构成基本拱的两个部分均承受压力，所以必须固定拱脚，以免其偏移。如果把这个拱倒置，则压力变成了拉力，现在必须固定两个端点，以免这两个点互相靠近。为了更容易理解，我们来做个小实验。

太好了，我最喜欢小实验了！

图 9-6

找一根缆索，将它系在两根柱子的顶端【图 9-4】。如果柱子不够坚硬，顶端就会在水平力的作用下彼此靠近【图 9-5】。

这个问题我理解。

另一个实验：我们将缆索的两端锚固，然后在上边行走【图 9-6】，缆索的形状会随荷载的分布不同而变化。当荷载均匀分布时，缆索的形状

就称为悬链线。如果手拿一条珍珠项链，由于上面的珍珠是等距等重的，它所呈现的形状就是悬链线【图 9-7】。

想起来了！我们前面说到建筑大师高迪的时候曾提到了自然形状的拱。

正是这样：荷载水平方向均匀分布的拱的"自然"形状是抛物线形，而等距等重荷载作用下的缆索是悬链线形。这两种形状非常接近。为了方便起见，我们将不做特别区分。

OK！那先讲缆索吧！

说一下锚固，最重要的是将缆索的端点固定住。

如果是索桥，可以把它固定在峭壁上。那我的吊床……

图 9-7

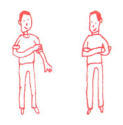

我们可以用竿子和缆索把它锚固在地上。

嗯！吊床让我想到一座大桥：金门大桥。我还是有些疑问：在索桥上开车，远方的人很难看到我！【图9-8】！

索桥和悬索桥（也叫吊桥）不同，它本身没有刚度，必须要增加荷载。

图 9-8

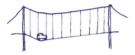

"刚度"我差不多能理解，但为什么要"增加荷载"？

拱和缆索的工作原理与柱和吊索差不多。柱承受压力，比较重；吊索承受拉力，比较轻，因此容易受风力的影响。同样，拱在压力下工作，重且稳定；缆索在拉力下工作，轻

图 9-9

且不稳定，容易受风力的影响。要让轻的结构保持稳定的方法之一，就是增加它的荷载。

我懂了：吊床空着的时候很容易受风力的作用而不稳定；但当我躺在上面的时候，增加了吊床的荷载，让它变得稳定了。尽管依然要小心翼翼【图9-9】……

悬索桥其实是一根以缆索悬吊的"桥梁"，这根梁有刚度和重量，它增加了缆索的荷载，使之成悬链线形状。为了更容易理解，可以想象一下一根有很多桥墩的"桥梁"【图9-10】。

这样的话，桥墩会占据整个山谷。

完全正确。拱桥（例如加拉比特高架桥）【图9-11】、悬索桥（例如金门大桥）【图9-12】和斜拉桥（例如米约高

架桥）【图9-13】都为我们提供了不同的解决方法：它们都可以用来取代那些让人不舒服还很难建造的支承……

OK，我们还是回到金门大桥吧。

重新回到起点。最早的悬索桥可以追溯到19世纪初，这种桥跨度更大，可以跨越江河，其巨大的跨度避免了修建桥墩的问题，而且比需要搭建拱架的拱桥更容易建造。一旦桥塔建造完成，挂上缆索，然

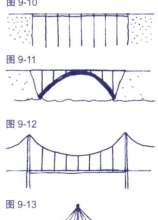

图 9-10

图 9-11

图 9-12

图 9-13

昂热桥（法国昂热）

这座悬索桥建于 1836—1839 年，横跨曼恩河。相对于跨度 226 米的瑞士弗里堡悬索桥（当时的世界纪录），它的长度适中，跨度为 102 米。

布鲁克林桥（美国纽约）

1869—1883 年间建造，连接了曼哈顿和布鲁克林区，然后通往不同的城市。该桥由约翰·奥古斯都·罗布林设计，但他在工程项目初期去世，其子华盛顿·奥古斯都·罗布林在妻子艾米丽·沃伦·罗布林的帮助下领导了工程建设。金属桥面总长 1030 米，中跨跨度 457 米，它将悬索和斜拉索结合起来，桥身由上万根钢索悬吊于水面 41 米之上，是当时世界上最长的悬索桥，也是世界上第一座用钢铁建成的悬索桥，被誉为工业革命时代全世界七个划时代的建筑工程奇迹之一。

后悬吊桥面"就够了"。悬索桥经济实惠，所以很受欢迎。但由于它容易变形，相对比较脆弱。例如，1850 年法国昂热桥就发生了断裂事件，大批士兵过桥时造成了桥梁共振，226 名士兵因此丧生。但横跨曼哈顿东河的布鲁克林桥则是一个很美又传奇的例子，它巧妙地将悬索和斜拉索结合在了一起。当然，还有金门大桥！

太棒了！我们终于讲到这儿了！

但在当时，这些建筑的变形问题仍未解决，塔可马海峡大桥就发生了重大的灾难。现在已经解决了这些问题，可以建造跨度更大的悬索桥了。

悬索桥和索桥尽管形状相同，但两者之间的区别还是很大的。悬索桥是以悬链线形状的缆索悬吊桥面，而索桥本身就是悬链线形状。现在我们还使用索桥吗？

行车桥已经很少使用索桥了，但人行桥还在用，例如优雅的苏朗桑桥。

塔可马海峡大桥（美国华盛顿州）

历史上的第一座塔可马海峡大桥于 1940 年 7 月 1 日落成，是一座跨度 840 米的悬索桥。4 个月之后，一场大风袭来，这座桥的桥面开始摇晃。在狂风之下，桥的变形越来越严重，1 小时后桥面发生共振，最终断裂。这座桥的崩塌并非因为桥本身的重量或其他荷载，而是因为没有充分考虑风荷载的因素。这次事故之后，工程师使用

模型进行风洞实验，对桥面的长细比（桥面厚度与跨度的比值）进行了研究。1950 年和 2007 年，两座新的悬索桥分别建成，取代了之前那座不幸的大桥。

金门大桥（美国旧金山）

金门大桥建于 1933—1937 年，是工程师约瑟夫·斯特劳斯的杰作。它是旧金山湾入口的标志。大桥的跨度是 1280 米，是当时的世界之最，直到 1964 年才被跨度 1298 米的纽约的韦拉札诺海峡大桥取代。这是一座桥面总长 2 千米的金属悬索桥，两条主缆垂直吊起（金属桁架）桥面。主缆悬挂在两座 230 米高的索塔上，两端由大量锚块锚固。在自重和悬挂

荷载的作用下，两条主缆承受拉力作用，成悬链线形状。所有荷载均通过缆索传递到索塔和锚块，最终转移至基础。

苏朗桑桥（瑞士格里松州）

该桥建于 1999 年，由工程师约格·康策特设计。这座行人桥跨度 40 米，为格里松州境内莱茵河上游连接出一条山间小路。桥面由不锈钢钢板组成，钢板上固定着 6 厘米厚的花岗岩石板。这些石板的重量增加了索缆的荷载，保证了桥的稳定性。桥两端的桥台锚固在岩石上。

华盛顿－杜勒斯国际机场（美国弗吉尼亚州）

机场建于 1958—1962 年，由美国建筑师埃罗·沙里宁和安曼与惠特尼工程事务所设计。这座机场的独特之处在于主航站楼采用了缆链结构，屋顶通过钢缆悬吊于外立面的两排纵向斜柱之上，因此增加了缆索的荷载，确保了稳定性。机场启用时，屋顶覆盖的是一个长约 200 米、宽 70 米的矩形区域。1996 年，航站楼进行了拓宽。

里斯本世博会葡萄牙馆（葡萄牙里斯本）

该建筑为 1998 年里斯本世博会展馆之一，由设计师阿尔瓦罗·西扎和工程师塞加当伊斯·塔瓦雷斯、瑞·维埃拉设计。建筑外部的中间展场位置（50 米 ×65 米）以跨度 65 米，厚 20 厘米的混凝薄壳覆盖。薄壳为悬链线形状，由隐藏在屋顶中的缆索悬吊支撑。缆索的末端固定在一个高 15 米的巨大的预应力混凝土框架上。混凝薄壳的重量增加了缆索的荷载，确保了屋顶的风载稳定性。

如果我理解得没错，这座人行桥要比一般的索桥稳定得多，因为它用花岗岩石板增加了荷载。

很正确。

我们用悬链结构建造了各式各样的桥，那是否也可以用来建造房屋呢？我想这种结构的房屋会比较轻，而且可以用比较少的材料。

当然可以了。就像我们的祖先，他们使用兽皮来搭"房子"，那就是悬链线形状的屋顶【图9-14】！

有意思……他们在悬链结构之下保护自己……但是当大风吹来，这个屋顶就要被吹走【图9-15】。因此必须增加荷载，压上石头，让它不会被吹走……

的确如此。现在设计悬链线形屋顶的方案时依然会注意这个问题，例如华盛顿-杜勒斯国际机场。运用这项技术比较近期的例子是里斯本世博会葡萄牙馆。

这些建筑都很漂亮，但让我有点困惑。它们的屋顶很轻，却必须增加荷载来保持稳定。这真的是种好方法吗？

没错，这不是最好的办法。我们后面还会回来再讨论这个问题。

我们已经看了了三种搭建的方法：桁架、拱和悬链线。还有没有比这更好的方法呢？

这个问题太宽泛了……所有这些方法各有优缺点。桁架和拱只需要受拉构件，除了垂直方向的反作用力外不受其他外力的影响。有拱墩的拱和悬链结构需要外力来确保稳定性。桁架的上弦杆和拱承受压力，有挫曲的风险。但悬链线本身则受拉力，不会挫曲。拱很重，悬链线结构很轻……它们的建造方法也不同：拱需要拱架临时支撑，悬链结构不需要……这些方法都有各自的适用领域。

悬链结构很轻，但必须增加荷载来"保持稳定"。因此，它的轻就不是优点了。

先别着急，下一章我们会看到其他让悬链结构保持稳定，并且保持轻盈的这个优点的方法。

那我们就继续前进吧！

图 9-14

图 9-15

第 10 章 索桁架，不可承受之轻

本章探讨用缆索构成的索桁架，其中会涉及桅杆和自行车车轮。
我们将游览法国、比利时和西班牙。

图 10-1

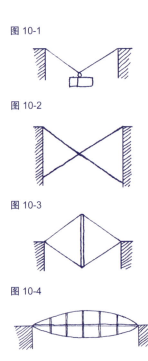

图 10-2

图 10-3

图 10-4

让我们重新观察一根缆索，并给它增加荷载【图 10-1】，或者用另一根缆索使它保持稳定【图 10-2】。更进一步，让这两根缆索共用同一支承并彼此拉紧【图 10-3】。

OK，但这样做的目的是什么呢？

可以用在很多地方：我们可以用这些缆索来做桁架和屋顶，使柱子不会挫曲。

好吧，开始新的探索！

我们从索桁架开始【图 10-4】。用一根水平长杆抵住两根缆索的两端，再用一些垂直的短杆将缆索撑开（把它们拉紧），这样就形成两条开口正好相反的悬链线。通过这两条开口相反的悬链线，这个桁架上下两个方向均可以"发挥作用"。桁架底部的受力由下方受拉力的悬链线承担，反之亦然。

真不错！

但前提是这些缆索必须先拉紧，否则必然的变形会产生很大的力。为了有助于理解，让我们去马戏团转转，看看特技演员是如何表演平衡动作的。在第一个例子里，演员的两个助手有点累了，只是手握垂直的杆子而不施加水平力……在特技演员站上钢缆之前，钢缆没有受任何外力。当

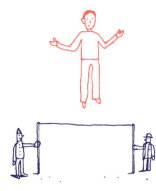

图 10-5

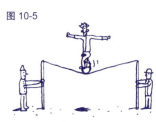

特技演员站上钢缆时，两个助手紧紧拉住杆子，确保杆子不会移动。在特技演员体重的作用下，钢缆拉紧，直到钢缆的反作用力和特技演员体重平衡，此时钢缆会显著变形。【图 10-5】。在第二个例子里，两个助手状态很好，他们用全身的力量紧紧拉住杆子顶端的钢缆。因此，当特技演员站上去之前，钢缆受到很大的拉力。当特技演员站上去时，钢缆只需稍微变形，就可以产生足够的反作用力和特技演员的体重平衡【图 10-6】。

图 10-6

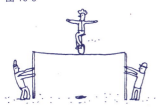

我懂了。但有一点还是让我很疑惑：在索桁架中，如果两根缆索拉得很紧，抵住缆索两端的水平长杆会受到很强大的压力，难道它没有挫曲的危险吗？

问得非常好。想想长杆一旦挫曲将会发生什么现象呢？假设长杆开始挫曲，并向右变形，那么这个变形会导致缆索右半部变形，并产生一个很大的力。这个很大的"反弹力"将会使长杆推回到原来的位置【图 10-7】。

这有点像拉弓的情况？

正是如此。

雪铁龙公园温室（法国巴黎）

该建筑建于 1993 年，位于雪铁龙公园内，这座公园得名于曾位于此处的工厂。这里的八个温室由建筑师博杰、佐迪和 RFH 工程事务所共同设计完成。两座最大温室的玻璃幕墙为玻璃面板，它们被悬吊固定在屋顶外围的梁上。这些玻璃面板依靠水平和垂直方向的索桁架来抵抗风力。索桁架所用材料不多，这使得墙体具有了极佳的采光性能。公园中另外六个稍小的温室从结构的观点看同样很有趣。

图 10-7

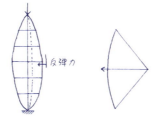

反弹力

还也有点像船的桅杆，对吗？

的确如此。船的桅杆因拉紧的船帆而受到压力。横向的绳索为拉索，它们可以防止又轻又细的桅杆发生挫曲的风

图 10-8   图 10-9

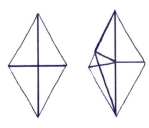

险【图 10-8】。当然，我们现在是在平面的书页上讨论，只要两条绳索就够了。而在实际的三维世界里，至少需要三条绳索【图 10-9】……

我懂了，还是接着说索桁架吧。我们究竟要用它做什么呢？

索桁架的好处就是优雅而精巧。它们不会占据过多的视觉空间，可以让大面积的玻璃立面抵抗风力的作用，就像我们之前看到的，那可不是和风轻拂……这里有一个很好的例子：巴黎雪铁龙公园温室。另一个例子是巴塞罗那的科塞罗拉塔垂直配置的巨大索桁架。它就如同一个芭蕾舞演员，很优雅，但是不稳定，必须增加一些缆索来确保整体的稳定性。最后是一个更早期的例子，它可以让我们从三维的角度来了解索桁架。

我最喜欢三维空间了！

这个例子是 1958 年布鲁塞尔世博会美国馆的圆形屋顶。它的结构基础是两条彼此

科塞罗拉塔（西班牙巴塞罗那）

科塞罗拉塔位于西班牙巴塞罗那提彼达博山附近，塔高 288 米（实际高度为 152 米），矗立在 445 米的山峰上，由诺曼·福斯特联合建筑事务所和奥雅纳工程顾问公司合作设计。该塔为 1992 年巴塞罗那奥运会建造，其中间是一个直径 4.5 米混凝土管状柱。高塔设有 13 个楼层，前 12 个楼层安装了通信设备，最顶层为观景台，可眺望城市全景。这些楼层的形状为等边三角形，并根据空气动力学原理而设计成凸面。高塔的三角形楼层平面和四周用于悬吊的缆索，可以让我们体验身处三维世界的事实。

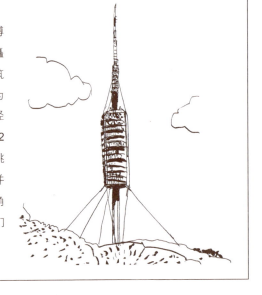

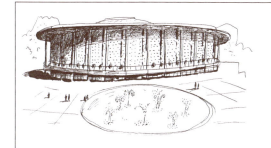

布鲁塞尔世博会美国馆（比利时布鲁塞尔）

　　该建筑为 1958 年布鲁塞尔世博会建造，其外形就像一个巨大的车轮，由设计师爱德华·斯通和工程师 W. 科尼利厄斯设计。可惜的是，展会后建筑的大部分被拆除。它的屋顶由一个直径约 97 米的外环构成，用双层缆索与内环相连。下层缆索（P）为支承缆索，上层缆索（T）为拉力缆索。在朝向中心方向的拉力作用下，外环受压；在朝外的拉力作用下，内环受拉。这个"车轮"架在有 36 对支撑外环、高约 20 米的柱子（C）上。这座轻盈的结构覆盖了直径约 90 米的空间，基本上只靠外围的支承来支撑。

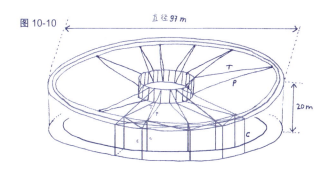

图 10-10

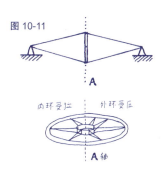

图 10-11

拉紧的缆索【图 10-10】。为了了解这个结构的原理，我们再回到前面讲到的那两条缆索，并让它以垂直轴（A）为中心环绕一周，这样我们就得到了一个类似水平放置的自行车车轮的结构【图 10-11】。

　　外环受压，内环受拉……嗯，这让我想起了穹顶……但是情况相反！……啊，对了，

在梵蒂冈的圣伯多禄大教堂穹顶底部安装的环形构件受拉，罗马万神庙穹顶顶部的眼窗则受压。

　　情况正是这样。受压力

的穹顶向外推，使底部的环形构件受拉【图 10-12】。穹顶因受压力而向中间汇聚，使中间的环形受压。现在情况相反：缆索向内拉，使外环受压【图 10-13】。作用在缆索上的拉力牵引着缆索向外，使内环受拉。

所有情形都正好相反就对了……

没错，就连形状也是如此！穹顶的凹面向下【图 10-14】，而所有索桁架的凹面则向上【图 10-15】。

这好像又叫我想起什么……对了，高迪和他的镜子。

高迪的很多建筑都运用了镜像的原理，其艺术风格与超现实主义画家西蒙波娃有异曲同工之妙。

当拱和悬链线一起运用的时候，两者的差异就可以互补，就像巴黎塞纳河上的西蒙波娃人行步桥。

太棒了！我们接着说缆索结构。如果我理解得正确，

西蒙波娃人行步桥（法国巴黎）

该桥 2004 年开始修建，2006 年建成，横跨塞纳河，坐落在弗朗索瓦·密特朗国家图书馆旁。它是迪特马尔·费希丁格建筑事务所和 RFR 工程建筑结构设计公司合作的成果。这个钢制艺术品跨度 190 米，融合了拱和悬链结构的特点，形似"扁豆"。这座桥是拱和悬链结构相互结合并保持平衡的典范。力与美的结合让走过这座桥的人有了各不相同的难忘旅程。

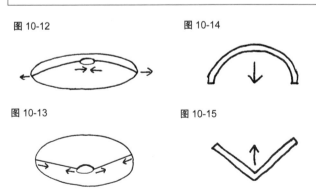

图 10-12

图 10-14

图 10-13

图 10-15

这种结构很轻便，很省材料，让人感觉很轻盈。我们可以用它来支撑大面积的玻璃幕墙，建造优雅的人行桥，盖出圆形的屋顶，甚至还有壮观的高塔！真厉害！

这个问题还可以更深入探讨：缆索彼此拉紧这个设计理念为我们打开了建筑纤维的新世界。但在探索这个创新之前，我们先看一下其他的搭建组合：梁和缆索。

太好了！又一个故事！我最喜欢听故事了……

第11章 从张弦梁到预应力混凝土

本章介绍了梁和缆索创造性结合的两个实例及它们的应用。
我们将游览美国弗吉尼亚州的林奇堡和法国雷岛。

首先我们来看一个非常好的结合——梁和缆索：梁的重量稳定了缆索，而受拉力的缆索减轻了梁的受力。这个富有创造性的结合，首先孕育出了"张弦梁"。接着，在1929年底一个美丽的日子，预应力混凝土诞生了。这个发明归功于杰出的法国工程师尤金·弗莱西奈。

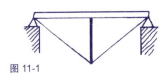

图 11-1

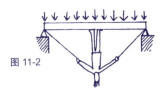

图 11-2

我最喜欢听故事了！但不要说得太快，这样才能招徕更多的听众！首先，这种新的梁，"张弦梁"是什么？

张弦梁的原理是这样的。对一根梁施加从上向下的外力，同时我们给它加上一个垂直构件（撑杆），再拿一条缆索穿过撑杆的顶端，并在梁两端系好。缆索的拉力使撑杆受压，撑杆自下向上对梁施力，让梁不会弯曲【图 11-1】。为了更容易理解，我们来玩点儿特技！这姿势不太舒服，但是很有效！当你用胳膊拉紧缆索时，你的双腿会将梁向上推（从下向上）【图 11-2】。

我的双脚对梁施加的推力抵消了梁的荷载。

没错。这种梁让我们能实现一些很有趣又非常有创意的结构，例如美国弗吉尼亚州林奇堡附近的一座桥，我们之前曾提到过它。我们很容易就能明白这个结构的工作原理。我们不妨这样思考：首先想象一下，在桥面中间有七根用来支撑的柱子【图 11-3】，让我们逐渐去掉这些柱子。首先去掉C柱，并用相邻柱子上的缆索承受它们的荷载【图 11-4】。然后，对B柱进行同样的处理【图 11-5】……最后的A柱也进行同样的处理【图 11-6】。看，

图 11-3

图 11-4

图 11-5

图 11-6

雷诺汽车配货中心（英国苏格兰）

  该建筑建于 1984 年，位于斯温登，由诺曼·福斯特联合建筑事务所和奥雅纳工程顾问公司共同设计。覆盖这个配货中心全部活动区域的屋顶，是由 42 块形状完全相同的正方形模块组成的，其边长为 24 米。每个模块都利用了悬链线，张弦梁固定在 16 米高的柱子上。除了建筑边缘的垂直构件外，其他的垂直构件都在对称的拉索和相同的模块荷载下保持平衡。处于建筑边缘的垂直构件因为不对称，所以用垂直的缆索锚固在地面上。为了避免挫曲，柱子都用缆索进行了支撑。

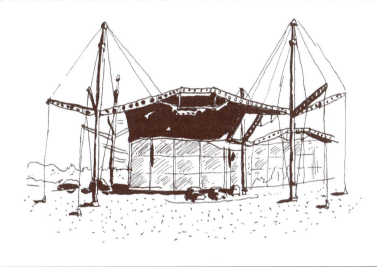

这就是我们想要的桥。这种类型的结构被称为"芬克式桁架"，它是以发明者的名字命名的。事实上，如果我们仔细观察，这座桥并未使用桁架，而是张弦梁的巧妙组合。

真是令人惊奇！

  毫无疑问！但张弦梁和缆索之间更杰出的结合范例是英国的雷诺汽车配货中心。

那预应力混凝土又是怎么回事呢？

  这是一个超棒的发明。就像我们之前看到的，一根梁在受到外力（从上到下）作用时，会在底部产生拉力【图 11-7】。如果是混凝土梁，因为混凝土不能承受拉力，首先考虑的解决方法就是加入钢筋。至于预应力混凝土，则是以两种方法从根本上解决这个

图 11-7

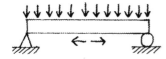

问题：

● 减轻梁的重量；

● 增加梁的抗拉能力。

这些方法都需要结合缆索。

让我们更仔细观察。

观察一根没有拉紧的缆索，也就是"静止的缆索"【图11-8】。如果拉紧缆索，它就会处于水平状态【图11-9】。

有意思！但这对我理解这个概念还是没什么帮助。

取一根管子（管子也是一根梁），并在其两端和中间两点垂直放入一些"分割物"。这些"分割物"称为隔板。接着在隔板上打孔，其中两端的隔板在上部打孔，中间的隔板在下部打孔。将一根缆索穿过这些隔板，然后在梁的一端将缆索固定，接下来拉缆索没有固定的一端【图11-10】。这时缆索会趋向水平，但因为

隔板的阻碍而无法完全达到水平，受拉力的缆索这时会对梁施加受到从下向上的外力，梁会弯成拱形【图11-11】。当缆索拉到极限程度后将它固定，这时我们就对梁施加了预应力。当施加了预应力的梁承受荷载时，它就会回到原来的水平状态【图11-12】。

（1）受到拉力的缆索对梁预先施加了压力。因为存在预压力或"预应力"，梁就可以在施加荷载时抵消其底部产生的拉力。

（2）缆索在隔板间的偏移而产生的力会对梁施加从下向上的力，从而减轻了梁的受力。当梁没有外部荷载时，缆索产生的内力使梁向上凸起变形：缆索将梁变成了拱。

真是一箭双雕！

是的。现在很多大桥、建筑物的楼板和梁都使用了预应力混凝土。

为什么叫"预"应力混凝土？

因为梁在承载外力之前，

图 11-8

图 11-9

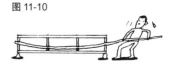

图 11-10

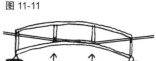

图 11-11

图 11-12

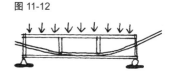

就"先"受到了一条或多条缆索施加的力而产生了应力，也就是梁被"预先"施加了应力。预应力混凝土可以承受重荷载，使建造大跨度桥梁和高架桥成为可能。例如连接法国雷岛和拉罗舍尔的雷岛高架桥。

真是一个伟大的工程！但我还是想尽早进入结构世界中轻盈而引人瞩目的建筑纤维王国⋯⋯

耐心点！在开始这段旅程之前，我建议再停留一下，看一看两个著名的缆索结构的范例。

雷岛高架桥（法国滨海夏朗德省）

这座高架桥位于大西洋沿岸，建于 1988 年，总长 2927 米，连接雷岛和内陆。它有 29 个桥跨，跨度为 37.5 ～ 110 米。这是预应力混凝土桥的一个绝佳范例。箱型桥面的横截面高度不一：有支承处较高，桥跨中间较低。桥面采用混凝土预制件悬臂施工法。施工方式是先以每一座桥墩为中心，逐渐以悬空方式同时向两边推进，最后在每一个桥跨中间合拢，将构件连接起来。

第 12 章 从缆索屋顶到建筑纤维屋顶

本章将介绍马鞍面、建筑纤维的应用。

我们将游览德国、沙特阿拉伯，之后将在布鲁塞尔结束旅行。

让我们回到已经不复存在的 1958 年布鲁塞尔世博会美国馆。它的屋顶是由 V 形的缆索组合而成的。我们让这些缆索成悬链线形状，使一些悬链线的开口向上，一些开口向下【图 12-1】。现在我们让一个开口向下的悬链线所在的平面与开口向上的悬链线所在的平面垂直，并让其顶点沿着开口向上的悬链线平行移动【图 12-2】。这样一来，开口向下的悬链线就会扫出一个形状类似"马鞍"的曲面【图 12-3】。这个三维曲面是由两簇互相垂直的抛物线组合而成的，它与水平面相交截出的曲线是双曲线，所以数学家称之为"双曲抛物面（PH）"。

保罗—埃米尔·詹森大厅（比利时布鲁塞尔）

这座大厅是为布鲁塞尔世博会（1958 年举办）建造的，由工程师保罗·莫纳特和建筑师马赛尔·范格特姆联合设计建造。其灵感来自美国工程师弗雷德·塞弗劳 1953 年建造的美国第一座缆索屋顶建筑——罗利体育馆。大厅由开口向上的支撑缆索和开口向下的拉力缆索构成屋顶覆盖，这两组缆索彼此拉紧，锚固在屋顶侧面的两个钢筋混凝土拱上。这个结构覆盖的区域近似椭圆形，长轴为 48 米，短轴为 40 米。拱的水平推力被两个厚实的钢筋混凝土三脚柱抵消，三脚柱由埋入预应力混凝土中的受拉构件互相连接。钢筋混凝土拱的自重被立面上的金属细柱所抵消。

图 12-1

图 12-2

图 12-3

到目前为止，你讲的这些我可以理解，但如果能举个例子就更好了。

这里有一个例子：布鲁塞尔自由大学的保罗-埃米尔·詹森大厅，它的缆索屋顶就是一个双曲抛物面【图12-4】。

让人过目难忘！但它的形状非常简单。

没错。但在对这些建筑物进行设计的时候，工程师们还没有电脑的帮助，这些屋顶的形状是用当时可行的方法计算出来的，能利用的工具非常有限，所以它们的形状相对简单。要想设计形状复杂的屋顶，没有电脑的帮助几乎是无法进行的，是电脑打开了结构设计

图 12-4

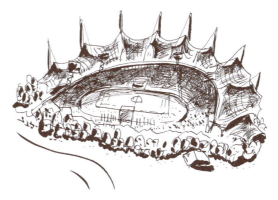

慕尼黑奥林匹克公园（德国慕尼黑）

这座缆索结构的建筑是为 1972 年慕尼黑奥运会建造的，由贝尼奇联合建筑事务所、工程师弗雷·奥托、莱茵哈特与安德烈建筑事务所合作设计。这座复合式结构占地 74 000 平方米，包括看台、体育场和游泳池。支撑缆索和拉力缆索互相交织组成的结构固定在半透明的塑胶板上。这种轻盈的材料预示着建筑纤维即将出现。

的新视野……它让我们可以设计出更新颖、更具雄心的作品，就像为奥运会兴建的慕尼黑奥林匹克公园那样。但是在风力作用下，缆索会发生变形，一根接一根晃动，接下来屋顶构件的接合出现问题，开始漏水。有一个办法可以解决目前的材料无法解决的问题，那就是使用建筑纤维。它可以既具有结构性功能，同时也具有覆盖功能！

我们终于进入建筑纤维的王国啦！

我们先看两个优秀作品：沙特阿拉伯的吉达国际机场朝觐客运大楼，以及美国科罗拉多州的丹佛国际机场杰普逊候机楼。在这两个例子中，我们

吉达国际机场朝觐客运大楼（沙特阿拉伯吉达）

这座建筑是为接待到麦加的朝圣者而于 1981 年兴建的，它是建筑纤维结构的绝佳范例，由美国 SOM 建筑设计事务所，以及工程师霍斯·勃格设计。作品的新颖之处在于它的建筑纤维屋顶。这个屋顶由 210 块离地 20 米的帐篷状模块组成，每个模块覆盖边长 45 米的正方形面积，总覆盖面积超过 42 500 平方米。每个模块均由拉张并涂有特氟龙的玻璃纤维布制成，纤维布被缆索固定在模块四角的索塔上。

丹佛国际机场杰普逊候机楼（美国科罗拉多州）

候机楼屋顶（建于 1994 年）由芬特雷斯·布拉德伯恩联合建筑事务所及霍斯特·勃格联合工程事务所共同设计。和吉达国际机场朝觐客运大楼的屋顶一样，它也是运用建筑纤维结构的绝佳范例。屋顶长 300 多米，看起来就像一整排连续的帐篷。这些帆布帐篷（用玻璃纤维和特氟龙制造）被拉紧并以两种方式支撑：一是内部两排高 46 米的杆（形成帐篷的尖角），另一个则用受拉构件锚固在相邻建筑的屋顶上。

伊拉斯谟地铁站（比利时布鲁塞尔）

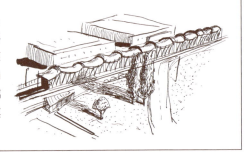

这座建筑纤维结构的杰出范例 2003 年完工，由菲利普·萨米恩联合建筑工程事务所、赛特斯科工程事务所及布鲁塞尔自由大学教授莫莱克·莫莱尔特合作设计。车站长 168 米，由边长 15.3 米的正方形模块组成。每个模块均用涂有特氟龙的玻璃纤维膜成，通过侧立面上的缆索将模块绷紧。模块由两个 T 形托架支撑，水平支架成弓形。

图 12-5

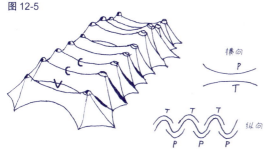

我们这趟世界建筑结构之旅从一张小凳开始，又以另外一张小凳结束。在我们以一种全新的内行人的观点去探索这些艺术品般的建筑之前，让我们先坐下来好好地休息一下吧。

可以清楚地分辨出支撑区（P）及拉力区（T）。纵向看，屋顶是由连续的脊线（C）和谷线（V）构成的【图 12-5】。

最后，我们在布鲁塞尔的伊拉斯谟地铁站下车，结束这趟旅行。这个车站的结构为我们完美地呈现了本章一开始提到的马鞍面。连续的脊线和谷线让帆布得到拉力。丹佛国际机场杰普逊候机楼就是一个例子：两条脊线之间帆布的拉力形成谷线。这些拉力由位于侧立面的垂直缆索来支撑。只不过伊拉斯谟地铁站的脊线是由谷线撑起，顶部的杆形成了拱形【图 12-6】，而丹佛国际机场杰普逊候机楼的屋顶的脊线则是由帆布立杆撑起的。

我觉得这样解释够清楚了，但这些可不简单！这趟漫长的世界建筑结构之旅结束后我想稍微休息一下！看，有一张小凳子……但它使用了建筑纤维，而且……人坐上去的时候会增加它的荷载【图 12-7】！

图 12-6

图 12-7

从现在开始……

既然有了对结构世界要遵循的基本法则的了解，那就让我们走出书本的二维世界，打开通往三维世界的大门，去探索我们日常生活中无处不在的结构吧，无论它们是异常华丽的，还是非常丑陋的。

但在徜徉于真实世界之前，请再看一眼你的行囊，盘点一下你的资产，也就是具有的知识。

在这趟旅行的伊始，我们谈到了平衡，它是稳定性的必要条件！接着，我们学到了如何利用拱、桁架和悬链线来盖屋顶和搭建。我们用柱和悬吊系统支撑了建筑物的屋顶和桥面，我们通过抗侧力斜撑让所有结构不再是用纸牌垒起的城堡。

我们认识到，如果不够小心，柱子有挫曲的危险；拱和桁架有共同的起源；拱和悬链线互为镜像；缆索可以用来支撑，也可以用于桁架；混凝土通常会加入钢筋，有时会加预应力；还有薄壳，有折板和无折板；悬链线通常用缆索形成，有时候是建筑纤维……

总之，通过这趟结构之旅，你将进入一个崭新的世界，你将学到一种新语言的基础知识，并掌握了运用它的必要方法，你将不会再以过去的方式看待结构。

你将在直觉的引领下超越表象，深入结构的核心。

旅途愉快！